精进 Excel
成为 Excel 高手

周庆麟　周奎奎◎编著

北京大学出版社

PEKING UNIVERSITY PRESS

内 容 提 要

本书以实际工作流程为主线，融合了"大咖"多年积累的设计经验和高级技巧，能够帮助读者打破固化思维，成为办公达人。

本书共 8 章，首先分析普通人使用 Excel 效率低下的原因，并展现高手的思维和习惯，让读者初步了解成为 Excel 高手的最佳学习路径；然后以高手的逻辑思维为主线，介绍基础表的设计、数据的获取与整理、让工作彻底零失误、让图表数据一目了然、分析数据的绝技及公式和函数的使用等内容，让读者由简到繁地使用 Excel；最后，通过介绍 3 个综合案例的实战操作，让读者厘清思路，达到高手境界。

本书既适合有一定 Excel 基础并想快速提升 Excel 技能的读者学习使用，又可以作为计算机办公培训班的高级版教材，还适合初学者在掌握基础操作后学习。

图书在版编目（CIP）数据

精进 Excel：成为 Excel 高手 / 周庆麟，周奎奎编著 . —— 北京：北京大学出版社，2019.9
ISBN 978-7-301-30639-0

Ⅰ . ①精… Ⅱ . ①周… ②周… Ⅲ . ①表处理软件 Ⅳ . ① TP391.13

中国版本图书馆 CIP 数据核字 (2019) 第 175884 号

书　　　名	**精进 Excel：成为 Excel 高手**	
	JINGJIN EXCEL：CHENGWEI EXCEL GAOSHOU	
著作责任者	周庆麟　周奎奎　编著	
责 任 编 辑	吴晓月　刘沈君	
标 准 书 号	ISBN 978-7-301-30639-0	
出 版 发 行	北京大学出版社	
地　　　址	北京市海淀区成府路 205 号　　100871	
网　　　址	http://www.pup.cn　　新浪微博：@ 北京大学出版社	
电 子 信 箱	pup7@ pup.cn	
电　　　话	邮购部 010-62752015　发行部 010-62750672　编辑部 010-62570390	
印 刷 者	北京大学印刷厂	
经 销 者	新华书店	
	787 毫米 ×1092 毫米　16 开本　17 印张　377 千字	
	2019 年 9 月第 1 版　2019 年 9 月第 1 次印刷	
印　　　数	1—4000 册	
定　　　价	79.00 元	

Excel / 不懂数据分析报表凌乱
懂数据分析条理清晰

为什么写这本书？

Excel在工作中出现的频率极高，很多用户使用Excel的目的是提高工作效率，但实际使用过程中却发现付出与收获不成正比，原因在哪？

1. 认为Excel仅是记录数据的表格，计算数据还需使用计算器。

2. 觉得Excel简单的部分不用学，函数部分又太难，学不会。结果简单的部分没学会，难的部分又不想学，使用时自然屡屡碰壁。

3. 想制作出美观、清晰、易懂的图表，却不知道从何入手。

本书汇集了多位高手的职场经验，精准把控Excel使用中的难点、痛点，真正解决职场人士遇到的问题。

本书的特点是什么？

1. 本书不仅有"大咖"成熟的Excel数据整理与获取方法，还有数据分析与函数使用的"大招"，更有鲜为人知的高级技法。

2. 本书从实际出发，面向工作、生活和学习，解决报表处理中可能遇到的各类难题，搞定各类报表"势如破竹"。

3. 本书拒绝死板的文字描述和大量的操作步骤，阅读轻松，内容活泼、有趣。

4. 本书附有视频资源，各类技巧搭配同步视频教学，用手机扫描二维码即可观看。

5. 本书附有检测练习，帮助读者检验学习效果，遇到问题时可扫描后方对应的二维码，查看高手思路。

本书都写了些什么？

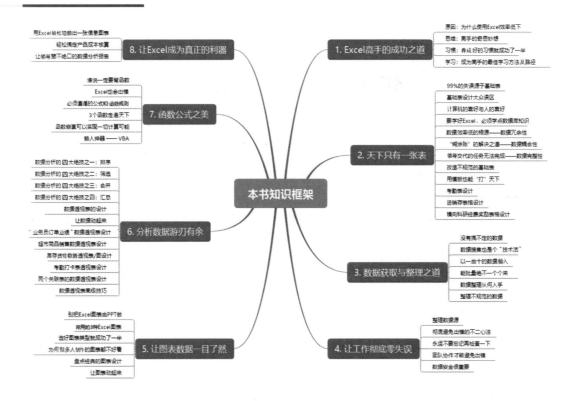

通过这本书能学到什么？

1. 跳出误区，了解Excel高手的成功之道：了解效率低下的原因和高手的奇妙思维，助你养成好的习惯，掌握成为高手的学习方法及路径。

2. 练就基本功的方法：搞定基础表的设计方法、数据的获取与整理之道、整理数据源时可能遇到的各类疑难问题。

3. 让图表数据一目了然的方法：掌握选好图表类型、让图表美观的方法，并详细介绍经典的图表设计操作。

4. 分析数据的方法：掌握排序、筛选、合并、汇总数据分析的四大绝技，以及创建及美化数据透视表的设计套路。

5. 公式和函数的使用：轻松搞定公式引用、命名的方法、3个常用函数及函数嵌套的使用。

注意事项

1. 适用软件版本。

本书所有操作均依托Excel 2016软件，但书中介绍的方法和设计精髓适用于所有的Excel版本。

2. 菜单命令与键盘指令。

本书中，当需要介绍软件界面的菜单命令或键盘按键时，会使用"【】"符号。例如，介绍组合图形时，会描述为"选择【组合】选项"。

3. 高手自测。

本书附有测试题。建议读者根据题目回顾相关内容，进行思考后再进行上机操作，最后扫描二维码查看参考答案。

4. 二维码。

扫一扫，可观看教学视频。

温馨提示：

使用微信"扫一扫"功能，扫描每节对应的二维码，根据提示进行操作，关注"千聊"公众号，点击"购买系列课¥0"按钮，支付成功后返回视频页面，即可观看相应的教学视频。

除了本书，还能得到什么？

1. 本书配套的素材文件和结果文件。
2. Excel案例操作教程教学视频。
3. 10招精通超级时间整理术教学视频。
4. 5分钟教你学会番茄工作法教学视频。
5. 1000个Office常用模板。

如果操作中遇到难题，请查看 Excel案例操作教程教学视频；如果不会充分利用时间，请查看10招精通超级时间整理术教学视频、5分钟教你学会番茄工作法教学视频。

以上资源，可通过扫描左侧二维码，关注"博雅读书社"微信公众号，找到"资源下载"栏目，根据提示获取。

看不明白怎么办？

1. 龙马高新教育网（http://www.51pcbook.cn）龙马社区发帖交流。
2. 发送 E-mail 到读者信箱：march98@163.com。

本书作者

本书由周庆麟、周奎奎编著，刘华、羊依军参与编写。在本书编写过程中，我们竭尽所能地呈现最好、最全的实用功能，但仍难免有疏漏和不妥之处，敬请广大读者指正。

目录

1

唯彻悟，成大道：Excel高手的成功之道

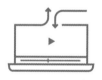

怎样才能成为 Excel 高手呢？这个问题很难回答，有人只需 3 个月就把公式和函数用得出神入化，也有人学了两三年也不太有成效。其中的关键就是学习方法，找到科学有效的学习方法，这本身就是一项重要技能。本章详细讲解如何才能更快成为 Excel 高手。

1.1 原因：为什么使用Excel效率低下

教学视频

效率是人们工作中追求的目标之一。为什么有人每天玩得那么潇洒，而却从来不被老板批评？为什么有人每天加班，却有做不完的工作？那就是效率问题了！

1 对 Excel 认识错误

一些人认为 Excel 就是比手写表格更容易修改的电子表格，方便输入和修改数据。

抱着这种心态，感觉 Excel 很简单，很容易学会，而他们往往只是具备了入门水平。在工作中使用 Excel 时，则屡屡碰壁、经常做不好。

实际上，Excel 的使用非常广泛，可以应用到人们的工作、学习、生活中。并且，其功能也异常强大，学好 Excel，会让你终身受益。

2 以为自己会 Excel，知识已经够用

看过一些入门级别的参考书，就觉得自己掌握的知识足够使用了，这也是很多学习者的通病。他们仅仅掌握了软件的菜单功能，就以为精通 Excel 了。其实这只是比 "入门级" 水平高，比 "中级" 水平要低很多。

他们自诩精通 Excel，但谈到 Excel 的数据分析时，却常常不知道从哪里下手。这就是典型的"眼高手低"，在周围人 Excel 水平都不高的情况下，存有"浮躁"的心态，导致在实际应用中不知所措，几分钟就能做完的事情却几小时都做不完。

3 头痛医头，脚痛医脚

"头痛医头，脚痛医脚"是 Excel 中级水平的常规表现。这些人有一定的 Excel 基础，也掌握了一部分技巧，但无法满足实际工作需求，也懒于学习。不过，他们可以通过其他途径，如问同事、网上搜索等，多花点时间，按部就班，也可以解决问题。但他们仅仅解决了眼前问题，却疏于思考、不懂得总结，当再次遇到同样的问题时，还是无法快速解决。

因此，建议在学习 Excel 时，要善于思考和积累，懂其源、究其根，这样才能一劳永逸。

④ 姿势不对，越用越费劲

在使用 Excel 时，需要掌握一些技巧，这样可以高效地完成一些烦琐的工作，不过有些技巧虽然堪称"神技"，但并不一定适合所有的情况，应用高效的方法解决对应的问题，否则会越做越累，越低效。下面"曝光"几个 Excel 使用误区，也希望读者能通过本书的学习，告别低效率，从此不加班。

（1）一个个输入大量重复或有规律的数据。

在使用 Excel 时，经常需要输入大量重复或有规律的数据，一个个手动输入会浪费大量时间。

正确的做法是使用快速填充功能输入。输入第一个数据，将鼠标指针放在单元格右下角的填充柄上，按住填充柄向下拖曳至结尾单元格，如下图所示。

	A	B	C
1	2019/5.1	星期一	一月
2	2019/5.2	星期二	二月
3	2019/5.3	星期三	三月
4	2019/5.4	星期四	四月
5	2019/5.5	星期五	五月
6	2019/5.6	星期六	六月
7	2019/5.7	星期日	七月
8	2019/5.8	星期一	八月
9	2019/5.9	星期二	九月
10	2019/5.10	星期三	十月
11	2019/5.11	星期四	十一月
12	2019/5.12	星期五	十二月
13	2019/5.13	星期六	一月
14	2019/5.14	星期日	二月
15	2019/5.15	星期一	三月

（2）使用计算器计算数据。

使用 Excel 计算数据的总和、平均值时，如果使用计算器计算，不仅效率低，还容易出错。

Excel 将求和、平均值、最大值、最小值、计数等常用的函数添加为按钮，不需要插入函数。如下图所示，直接单击【公式】→【函数库】→【自动求和】下拉按钮，在弹出的下拉列表中选择相应的选项，即可实现快速计算。

（3）图表使用不恰当。

创建图表时，首先要掌握每一类图表的用途。例如，要查看每一个数据在总数中所占的比例，如果创建柱形图就不能准确表达，这时应该选择饼图，如下图所示。因此，选择合适的图表类型很重要。

（4）不善用排序和筛选功能。

排序和筛选功能是 Excel 的强大功能之一，不仅能够将数据快速按照升序、降序或自定义序列进行排序，还可以快速并准确地筛选出满足条件的数据。

1.2 思维：高手的奇思妙想

教学视频

高手的世界很难理解，但可以学习高手的奇思妙想，一旦学会，就可以成为高手了！

1 正确组织 Excel

新奇的东西更容易引起人们的注意和警惕，而熟悉的东西更容易被理解和记忆。例如，在广场上和一位大妈讲量子力学，那谈话会很快结束，因为量子力学根本不在大妈的生活范围内。所以，要想让读者记住并理解你的表格内容，最好按照他们熟悉的思维框架来组织。没有经过组织的 Excel 数据，就是一堆密密麻麻的数字，看了令人头疼。

2 保持读者的注意力

读者刚看一张表格时，注意力都会非常集中，但如果一直都是普通的数据，随着数据量的增加，由于新鲜感的消失和疲劳的产生，注意力就会越来越差。

其解决方法就是在大量的数据中添加一些其他的形式，让读者在阅读的过程中不时出现一些新鲜感，能够吸引他们的注意力，如下图所示。（素材 \ch01\1.2-1.xlsx）

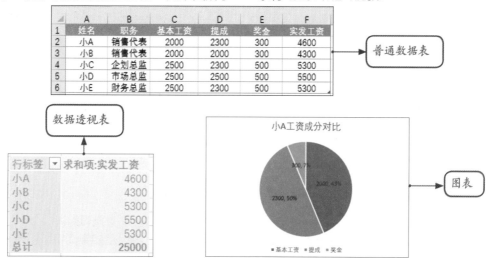

3 用图表说话效果更好

大家可能以为，Excel 就是用来制作表格的，那就太小看 Excel 了！其实，Excel 也可以加入图片、图表等，在分析数据的同时加入一些其他元素，这样能让整个表格看起来非常漂亮，也更能吸引人，如下图所示。（素材 \ch01\1.2-2.xlsx）

	A	B	C	D	E	F	G	
1	单位	小麦	玉米	谷子	水稻	大豆	蕃薯	普通表格
2	花园村	7232	3788	7650	2679	1615	4091	
3	黄河村	6687	5122	7130	3388	3439	0	
4	解放村	3685	3978	5896	2659	1346	727	

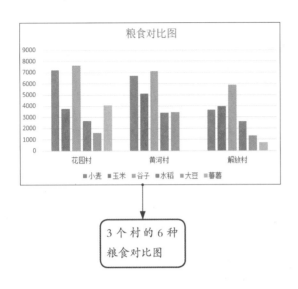

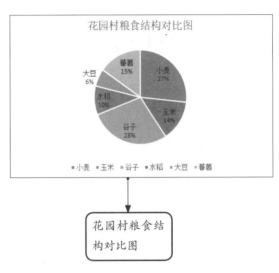

3 个村的 6 种
粮食对比图

花园村粮食结
构对比图

不难发现，图形化数据看起来比原始数据更简洁、清晰。

4　表格也可以美化

爱美之心，人皆有之。虽然 Excel 的重点在数据处理和统计上，但是如果能将下图所示的普通表格进行美化，让其变得更漂亮，那就是锦上添花了。（素材 \ch01\1.2-3.xlsx）

普通表格

例如，适当调整"普通表格"中的字体、字号、行高和列宽，然后加上边框和底纹，效果如下图所示。

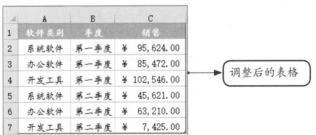

调整后的表格

人们常说，养成好的习惯就成功了一半！那使用 Excel 都有哪些好的习惯呢？

1 不要轻易合并单元格

单元格合并，确实可以让表格看起来更好看，如下图所示。

而一旦需要进行其他操作，如排序时，可能就要出问题了，系统就会出现下图所示的提示。

2 不要滥用空格

有时使用空格可以在一定程度上起到对齐的作用，如下图所示。

	A	B	C	D	E	F	G	H
1	序号	产品编号	产品名称	产品类别	销售数量	销售单价	日销售额	销售日期
2	20054	YL054	xx牛奶	饮　料	5	60	300	3月5日
3	20058	YL058	xx矿泉水	饮　料	30	3	90	3月5日
4	20066	YL066	xx红茶	饮　料	12	3	36	3月5日
5	20076	YL076	xx绿茶	饮　料	9	3	27	3月5日
6	20064	YL064	xx酸奶	饮　料	7	6	42	3月5日
7	40021	XY024	xx笔记本	学习用品	2	5	10	3月5日
8	40015	XY015	xx圆珠笔	学习用品	4	2	8	3月5日
9	30033	XX033	xx薯片	休闲零食	8	12	96	3月5日
10	30056	XX056	xx糖果	休闲零食	15	4	60	3月5日
11	30017	XX017	xx火腿肠	休闲零食	8	3	24	3月5日
12	30008	XX008	xx方便面	休闲零食	24	5	120	3月5日
13	10010	TW010	xx盐	调味品	3	2	6	3月5日
14	10035	TW035	xx味精	调味品	2	5	10	3月5日
15	20005	SH005	xx洗衣液	生活用品	5	35	175	3月5日
16	20012	SH012	xx香皂	生活用品	3	7	21	3月5日
17	20007	SH007	xx纸巾	生活用品	12	2	24	3月5日
18	20032	SH032	xx晾衣架	生活用品	2	20	40	3月5日
19	20046	SH046	xx垃圾袋	生活用品	4	6	24	3月5日

当需要对表格做其他操作，如查找"饮料"时，是查找"饮 料""饮 料"，还是"饮　料"呢？

③ 日期格式要统一

输入日期时，如果不注意格式，输入可能会方便一些，但看起来会很不舒服，如下图所示。

④ 数据与单位得分离

传统习惯上，在数量后面紧跟单位，如下图所示。（素材 \ch01\1.3-4-1.xlsx）

	A	B	C	D
1	产品编号	产品名称	销售数量	销售单价
2	YL054	xx牛奶	5瓶	60
3	YL058	xx矿泉水	30瓶	3
4	YL066	xx红茶	12瓶	3
5	YL076	xx绿茶	9瓶	3
6	YL064	xx酸奶	7包	6
7	XY024	xx笔记本	2个	5
8	XY015	xx圆珠笔	4支	2

可是，一旦涉及计算，就要出问题了，如下图所示。

如果把数量和单位分离，再来计算就没问题了，如下图所示。（素材 \ch01\1.3-4-2.xlsx）

产品编号	产品名称	销售数量	单位	销售单价	日销售额
YL054	xx牛奶	5	瓶	60	300
YL058	xx矿泉水	30	瓶	3	90
YL066	xx红茶	12	瓶	3	36
YL076	xx绿茶	9	瓶	3	27
YL064	xx酸奶	7	包	6	42
XY024	xx笔记本	2	个	5	10
XY015	xx圆珠笔	4	支	2	8

⑤ 用 PDF 文件备份

如果需要把制作完成的报表发给其他用户查看，又不希望数据被修改，就可以把报表导出为 PDF 文件，如下图所示。

产品编号	产品名称	销售数量	单位	销售单价	日销售额
YL054	xx牛奶	5	瓶	60	300
YL058	xx矿泉水	30	瓶	3	90
YL066	xx红茶	12	瓶	3	36
YL076	xx绿茶	9	瓶	3	27
YL064	xx酸奶	7	包	6	42
XY024	xx笔记本	2	个	5	10
XY015	xx圆珠笔	4	支	2	8

← Excel 格式

产品编号	产品名称	销售数量	单位	销售单价	日销售额
YL054	xx牛奶	5	瓶	60	300
YL058	xx矿泉水	30	瓶	3	90
YL066	xx红茶	12	瓶	3	36
YL076	xx绿茶	9	瓶	3	27
YL064	xx酸奶	7	包	6	42
XY024	xx笔记本	2	个	5	10
XY015	xx圆珠笔	4	支	2	8

← PDF 格式

1.4 学习：成为高手的最佳学习方法及路径

教学视频

高手不是自封的，而是通过好的学习方法及路径一步一步走过来的！怎么走？往下看！

① 确定目标，勇往直前

首先，大家回答一个问题：学习 Excel 的目的是什么？

如果是工作需要，那么可以根据工作内容有针对性地学习一些常用技巧。例如，如果从事人力资源工作，可以学习一些基本的字符处理技巧；如果从事商品销售和库存管理工作，可以学习数据透视表等便捷的统计功能；如果希望提升工作效率，摆脱加班的命运，那么除了一些常规技巧外，还需要多了解一些函数、公式的高级用法，甚至可以接触 VBA 和宏。

② 会用右键，事半功倍

在选定一个对象后，在其上方右击，就会弹出一个快捷菜单。

右键菜单的命令都是针对选定对象的相关设置或操作，因为选定的对象不同，右键菜单也会有所区别，如下图所示。

与右键菜单同时出现的还有浮动工具栏，如下图所示。这也是右击后自动显示的，可以用于设置对象的外观属性。

③ 私人定制，随心所欲

Excel 的"自定义功能区"和"自定义快速访问工具栏"可以让使用者像 Excel 开发人员一样定制属于自己的菜单栏。

单击【自定义快速访问工具栏】按钮，即可在弹出的下拉菜单中定制快速访问工具栏，如下左图所示。

在功能区的空白处右击，在弹出的快捷菜单中可以自定义功能区，如下右图所示。

4 懂函数，会公式

Excel 丰富的功能可以满足许多数据处理和运算的需求，这时函数、公式就为 Excel 赢得了赞誉，如求和、求平均值等，如下图所示。

这就是公式

G2	▼	×	✓	f_x	=[@工资]+[@全勤]+[@补助]

◢	A	B	C	D	E	F	G
1	姓名	员工号	岗位	工资	全勤	补助	总计
2	小A	16306	技术员	4000	200	500	4700
3	小B	16307	技术员	4000	200	500	4700
4	小C	16308	技术员	4200	200	500	4900
5	小D	16309	技术员	4200	200	500	4900
6	小E	16410	管理	8000	200	800	9000
7	小F	16411	管理	8000	200	800	9000
8	小G	16412	经理	11000	200	1200	12400
9	小H	16413	经理	11000	200	1200	12400

5 善用【F1】键，那都不是事

遇到问题时，如果知道应该使用什么功能，但是对这个功能不太熟悉，此时最好的办法就是用【F1】键调出 Excel 的联机帮助，集中精力学习这个功能，如下图所示。该方法在学习 Excel 函数时特别适用，因为 Excel 有几百个函数，想记住全部函数的参数与用法几乎是不可能的。Excel 的联机帮助是最权威、最系统和最优秀的学习资源之一，因为在一般情况下，它都随同 Excel 软件一起被安装在计算机上，所以它也是最可靠的学习资源。

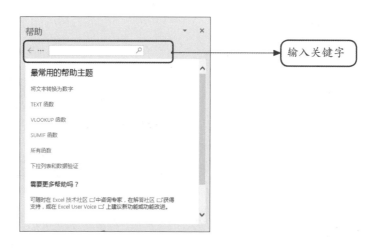

输入关键字

6 掌握互联网，拥有一切

　　如今，善于使用各种搜索功能在互联网上查找资料，已成为信息时代的一项重要生存技能。因为互联网上的信息量实在是太大了，大到即使 24 小时不停地看，也永远看不完。而借助各式各样的搜索，人们可以在海量信息中查找自己所需要的内容阅读，节省了时间，提高了学习效率，如下图所示。

输入想要帮助的内容

7 多阅读，多实践

　　多阅读 Excel 技巧或案例方面的文章与书籍，能够拓宽自己的视野，并从中学到许多有用的知识。

　　学习 Excel，阅读与实践必须并重。阅读来的知识，只有亲自在计算机上实践几次，才能把他人的知识真正转化为自己的知识。通过实践，还能够举一反三，即围绕一个知识点，通过各种假设来测试，以验证自己的理解是否正确和完整。

 高手自测

本章主要介绍了Excel高手的思维习惯，在结束本章内容之前，不妨先测试一下本章的学习效果，打开"素材\ch01\高手自测.xlsx"文档，在5个工作表中分别根据要求完成相应的操作，若能顺利完成，则表明已经掌握了本章知识，否则就要重新认真学习本章的内容后再学习后续章节。

高手点拨

（1）打开"素材\ch01\高手自测.xlsx"文档，快速调整"高手自测1"工作表中数据的列宽，如下图所示。

	A	B	C	D
1	名字	业务电话	公司	职务
2	刘A	028-564257	嘉锐房产木	人力资源管理
3	孙C	028-556741	佳里德复合	市场部经理
4	王五	028-527805	通路建材木	人力资源管理
5	张三	028-528073	创建维科书	销售总监
6	李四	028-598899	广明科技股	人力资源管理
7	刘大	028-516565	绿色蔬菜生	市场部经理
8	赵四	028-580583	宝利生物科	人力资源管理
9	秦六	028-507653	亮丽广告有	市场部经理
10	董小姐	028-596390	助力理财么	市场部经理

	A	B	C	D
1	名字	业务电话	公司	职务
2	刘A	028-56425703	嘉锐房产有限公司	人力资源管理
3	孙C	028-55674179	佳里德复合材料公司	市场部经理
4	王五	028-52780577	通路建材有限公司	人力资源管理
5	张三	028-52807323	创建维科技有限公司	销售总监
6	李四	028-59889963	广明科技股份有限公司	人力资源管理
7	刘大	028-51656590	绿色蔬菜生产基地	市场部经理
8	赵四	028-58058341	宝利生物科技有限公司	人力资源管理
9	秦六	028-50765349	亮丽广告有限公司	市场部经理
10	董小姐	028-59639067	助力理财公司	市场部经理

（2）打开"素材\ch01\高手自测.xlsx"文档，"高手自测2"工作表中的数据宽度较大，如下图所示。如果使用默认的纵向打印，可能会导致部分数据不能被打印，或者多打印一页，那么请将其设置为横向打印。

	A	B	C	D	E
1	名字	业务电话	公司	联系邮箱	职务
2	刘先生	027-56425703	嘉锐房产有限公司	huan.yang@163.com	人力资源管理
3	孙小姐	027-55674179	佳里德复合材料公司	li-lian.li@163.com	市场部经理
4	皮小妹	027-54342088	红杰医药有限公司	qiu.fang@163.com	市场部经理
5	那个谁	027-54288178	草原畜牧有限公司	yi.lu@163.com	销售总监
6	王老大	027-55274321	美味食品公司	tai.liu@163.com	销售总监
7	小武	027-52780577	通路建材有限公司	dan.bai@163.com	人力资源管理

（3）打开"素材\ch01\高手自测.xlsx"文档，在"高手自测3"工作表中快速完成数据的求和，如下图所示。

	A	B	C	D	E	F	G
1	产品名称	小A	小李	小陈	小王	小C	总计
2	iPhone 4S	5	4	5	4	12	
3	iPhone 5S	6	35	6	6	14	
4	iPhone 5	34	14	2	10	23	
5	诺基亚 2030	20	25	35	20	3	
6	酷派 7295	12	3	27	16	17	
7	索尼 L36H	11	16	27	16	18	
8	三星 GALAXY S5	5	16	20	20	6	
9	总计						

	A	B	C	D	E	F	G
1	产品名称	小A	小李	小陈	小王	小C	总计
2	iPhone 4S	5	4	5	4	12	30
3	iPhone 5S	6	35	6	6	14	67
4	iPhone 5	34	14	2	10	23	83
5	诺基亚 2030	20	25	35	20	3	103
6	酷派 7295	12	3	27	16	17	75
7	索尼 L36H	11	16	27	16	18	88
8	三星 GALAXY S5	5	16	20	20	6	67
9	总计	93	113	122	92	93	513

（4）打开"素材\ch01\高手自测.xlsx"文档，为"高手自测4"工作表中的内容设置自动换行，如下图所示。

（5）打开"素材\ch01\高手自测.xlsx"文档，在"高手自测5"工作表中，当拉动滚动条查看后面的内容时，无法看到标题行，若想让首行不滚动，可以使用【冻结窗口】功能，如下图所示。

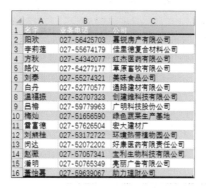
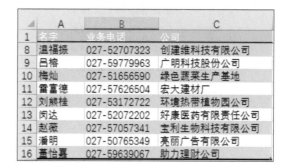

2

洗髓易筋：天下只有一张表

　　经常会有人抱怨，看了不少书，也学了不少 Excel 技巧，但是，当使用 Excel 时，却发现学的知识好像都用不上，制作的表格还是没有进步，为什么呢？其实，这是初学者的一个通病——没有真正科学、合理地使用 Excel！

教学视频

2.1 99% 的失误源于基础表

每个人面对的工作各不相同，使用的表格也不尽相同，但是，一些不太好的使用习惯，甚至是一些错误的使用方式，却是相同的。

1 Excel 与记事本

Windows 中有一个"记事本"，主要用于记录一些日常信息，如工作便签。但也有人用 Excel 来做记录，他可能会说：因为 Excel 已经画好了网格线啊！

其实，用 Excel 来做记录，也无可厚非，只是，也需要考虑 Excel 的感受……

如果仅仅把 Excel 当成记事本来用，那就有点"大材小用"了！当然，既然用它来做记录了，那么也就可以继续用它为记录的事件做出相应的统计和分析。

例如，有一天，你和几个小伙伴出去旅游，然后用 Excel 做了如下图所示的记录。

（素材 \ch02\2.1-1.xlsx）

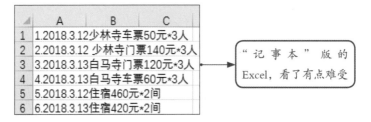

	A	B	C
1	1.2018.3.12少林寺车票50元*3人		
2	2.2018.3.12 少林寺门票140元*3人		
3	3.2018.3.13白马寺门票120元*3人		
4	4.2018.3.13白马寺车票60元*3人		
5	5.2018.3.12住宿460元*2间		
6	6.2018.3.13住宿420元*2间		

"记事本"版的 Excel，看了有点难受

如果觉得"记事本"版的 Excel 有些不美观，可以使用 Excel 做如下图所示的记录。

	A	B	C	D	E	F	G
1	序号	日期	费用类别	单价	数量	小计	备注
2	3	2018/3/12	住宿费	460	2	920	龙马酒店
3	2	2018/3/12	门票	140	3	420	少林寺门票
4	1	2018/3/12	交通费	50	3	150	少林寺车票
5	6	2018/3/13	住宿费	420	2	840	白马酒店
6	5	2018/3/13	门票	120	3	360	白马寺门票
7	4	2018/3/13	交通费	60	3	180	白马寺车票

普通的 Excel

还可以做如下图所示的排序。

按"费用类别"排序的 Excel

也可以对其进行分类汇总，如下图所示。

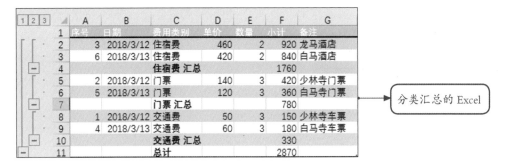

分类汇总的 Excel

还可以用图表来统计，如下图所示。

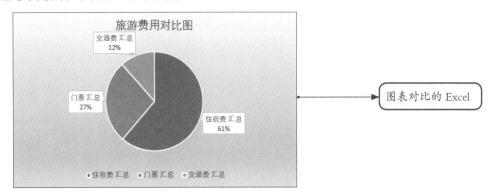

图表对比的 Excel

看到这里，你做记录时，是用 Excel 还是用"记事本"呢？

2 单元格内换行

提到单元格内换行，很多人都觉得特别简单，不就是按【Alt+Enter】组合键，很好用的！如下图所示，换行后看上去很整齐，而且也不用合并单元格了。（素材 \ch02\2.1-2.xlsx）

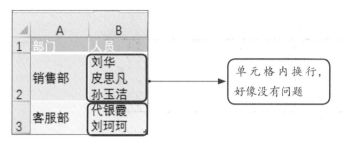

单元格内换行，好像没有问题

然而，这样做的意义并不大，且副作用不小。如下图所示，当需要进行排序、筛选、查询等操作时，一系列的麻烦就来了……

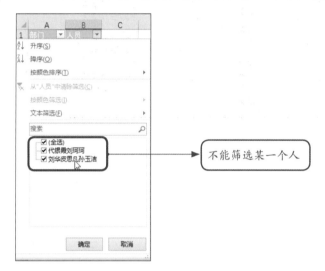

不能筛选某一个人

可以看到，现在是无法筛选某一个人的。

③ 无意义的空行

有人喜欢在工作表中加入空行，好像分隔起来更明显了，如下图所示。（素材 \ch02\2.1-3.xlsx）

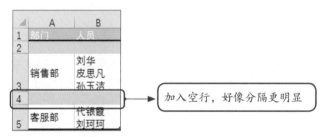

加入空行，好像分隔更明显

然而，如果后面涉及其他操作，如排序，其效果就不是想要的了，如下图所示。

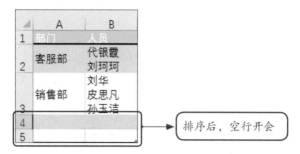

在筛选时也会出问题，如下图所示。

4　表述混乱

同一个名词，如果使用了其他的名称或简称等，就会导致表格内容很不规范，如下图所示，不知道到底有几个部门。（素材 \ch02\2.1-4.xlsx）

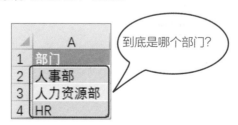

⑤ 烦人的小计

有人喜欢手动插入"小计"行，感觉统计得很详细。但是，这样做不仅操作烦琐，还会破坏表的整体结构，导致其他统计无法进行，如下图所示。（素材 \ch02\2.1-5.xlsx）

如果想统计怎么办？用数据透视表啊！

⑥ 滥用批注

单元格右上角有个小三角，这就是批注，将鼠标指针移上去，就会自动显示批注，如下图所示。（素材 \ch02\2.1-6.xlsx）

在单元格中添加批注能够起到一定的说明或强调作用，增强数据的可读性。但如果批注太多，就会影响数据表的可读性。但是，有人却喜欢把数据放进批注，如下图所示，导致无法计算和分析。

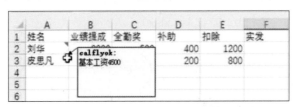

2.2 基础表设计的基本原则

教学视频

设计科学规范的 Excel 基础表是高效数据分析的第一步，因为数据分析的源头就是基础表。
要想玩转 Excel，首先必须玩转基础表。只有掌握基础表设计的精髓，才能对 Excel 有正确的认识。是菜鸟，还是高手，就看是否能玩转基础表。

1 简洁，但不简单

所谓结构简洁，就是按照工作性质、管理内容、数据种类设计出不同的基础表，以保存不同的数据，如下图所示。基础表越简洁越好，但要保证数据量充足，不能有残缺数据，更不能缺少功能，即虽然简洁，但不简单。（素材 \ch02\2.2-1.xlsx）

	A	B	C	D	E	F
1	入库时间	产品名称	品牌	数量	单位	备注
2	2018/3/15	洗衣液	蓝月亮	50	袋	
3	2018/3/15	肥皂	雕牌	100	盒	
4	2018/3/16	瓜子	恰恰	100	袋	
5	2018/3/27	方便面	统一	20	包	大包

2 规范，但不死板

无规矩不成方圆，Excel 也一样。一个杂乱的表格，是很难实现数据统计和高效分析的。只有结构合理、数据完整、层次分明的基础表，才能达到易于读取、便于汇总分析的目的，如下图所示。（素材 \ch02\2.1-2.xlsx）

	A	B	C	D	E	F	G
1	申请日期	姓名	天数	起始日期	结束日期	类别	应扣工资
2	2018/3/20	刘华	2	2018/3/22	2018/3/23	事假	100
3	2018/4/21	孙玉洁	4	2018/4/22	2018/4/25	年假	0
4	2018/5/21	刘华	1	2018/5/22	2018/5/22	年假	0

3 通用，但不硬搬

一般情况下，一项工作只做一张表。基础表只有一张，而且还是一维数据表！无论是行政、财务、销售还是物流，都可以用类似的方式记录在基础表中，其区别仅仅是字段名和具体内容不同。

4 美观，但不花哨

　　无论是基础表，还是报告，都要尽量把表格做得漂亮。基础表的美化以容易整理数据为原则，而报告的美化以分析结果清晰为原则。

　　要特别强调的是，既要美观、大方，又不能花哨，不要在一个表中出现太多的颜色和太多不同的线条，如下图所示。

	A	B	C	D	E	F
1	入库时间	产品名称	品牌	数量	单位	备注
2	2018/3/15	洗衣液	蓝月亮	50	袋	
3	2018/3/15	肥皂	雕牌	100	盒	
4	2018/3/16	瓜子	恰恰	100	袋	
5	2018/3/27	方便面	统一	20	包	大包

	A	B	C	D	E	F
1	入库时间	产品名称	品牌	数量	单位	备注
2	2018/3/15	洗衣液	蓝月亮	50	袋	
3	2018/3/15	肥皂	雕牌	100	盒	
4	2018/3/16	瓜子	恰恰	100	袋	
5	2018/3/27	方便面	统一	20	包	大包

　　一张标准、规范的基础表应该满足以下条件。

　　（1）维数据表，只有顶端标题行，没有左侧标题列。

　　（2）有且只有一个标题行。

　　（3）没有合并单元格。

　　（4）数据信息完整准确。

2.3 计算机的喜好与人的喜好

教学视频

　　如果不但要记录原始数据，还要挖掘出数据背后的故事，就不能只让领导一个人满意，还要研究一下计算机的喜好。按照 Excel 制作表格的规律，是不能简单地把工作中手工处理各种信息的纸质表格原样搬到计算机上，而要把对原始表格的设计当作头等大事来对待。设计得当，事半功倍；设计不当，后患无穷。

区别于"报表型"表格，可以把管理日常业务的系列表格称为"事务型"表格。站在管理者的角度考虑问题，要有大局观，了解整个业务流程，知道上下级各需要什么样的数据，理解管理者所期待的目标，把握"事务型"表格设计的原则。要真正会使用 Excel 软件，先要理解并注意以下事项。

（1）表格结构一定要符合第一行为标题行、下面为一行行记录的形式。标题行为若干不重复的数据项名称，下面也不能出现完全相同的记录行。

（2）在安排标题名称排列的顺序时，最好考虑操作者能按日常的工作顺序输入数据。

（3）表格中不能有空行和空列。

（4）规范数据输入内容、取值范围和格式。

（5）同一对象命名要统一，同一列数据类型要一致。

（6）不要有不必要的小计、合计、汇总等行和列，不能有合并单元格。

（7）要考虑业务的扩展性。

（8）不同作用的数据要分别设计不同的表格进行存放。

（9）保证数据安全，及时备份数据。

2.4 要学好 Excel，必须学点数据库知识

教学视频

数据库技术在生活、工作中的应用无处不在！例如，在超市买东西，结账时，一刷会员卡和商品的条码，营业员使用的销售系统就能自动从后台存放会员信息和商品信息的数据库中检索到相关会员和商品的数据，并显示在终端屏幕上；结账后，后台数据库中会记录本次消费的详情，本次消费的所有商品库存同时减少；如果通过银行卡结账，销售系统还要联机访问银行的数据库系统查询顾客的账户信息，并把顾客的本次消费记录在银行的数据库中。如果没有数据库技术，难以想象在这样一个小小的销售活动中发生的所有信息是如何保存和处理的。

数据库（database）就是按照一定的数据结构将相关的数据组织、存储起来，方便进行管理的数据仓库。

数据库与 Excel 有什么关系呢？它们都是通过对信息进行采集、整理，然后以数据的形式进行分类、存储的系统，日后还可以对这些存储的信息进行添加、删除、修改、查询、统计、打印等管理工作，利用好这些工具不仅可以记录日常工作中各种信息往来，还能高效进行数据分析和处理，为决策者挖掘出隐藏在数据背后的信息。为了有效利用原始数据对其进行分析、处理，数据库技术对数据库的结构设计做了严格规定，Excel 系统记录原始数据的工作表结构参照了这些规

定，否则，后期对数据的处理和分析就是虚谈。

数据库与 Excel 显然是不同的两种系统，数据库中管理的数据要通过编程进行处理，而 Excel 基本不需要编程就可以让用户在工作簿中完成各种基本的数据管理工作。

如果只是把表原样输入、打印出来交给上司，那么此部分可以不用学习了。

目前最流行的是关系型数据库系统，它规定了数据结构、数据操作、完整性约束。所以，在设计一个 Excel 工作簿时也要把它当成一个系统来设计，分析该系统中要管理什么信息，它们是什么关系，不同工作环节中产生的信息要分别存放在不同的工作表中，每个工作表的结构要如何定义才能完整地反映工作中的所有属性，将来如何对这些数据进行分析处理，用什么方法实现。这是很复杂的。要设计好一张工作表的结构、一个工作簿的功能是非常不容易的，只有经验足够丰富后才能有所感悟。现在可以严格按照下表中的规定先做起来。

关系数据库的数据模型	Excel 工作簿的数据结构	Excel 表格举例
一个数据库由多张有关系的数据表组成	一个工作簿由多张有关系的工作表组成	一个"人事管理系统"建立一个工作簿，在其中建立人员基本信息表、工资表、考勤表、业绩表等。这些工作表之间是有关系的，记录了员工在各方面工作中的不同信息
一个数据表存储一项工作中的所有信息	一个工作表存储一项工作中的所有信息	人员基本信息表中存储员工的工号、姓名、性别等基本信息，工资表中记录每月工资发放情况
一个数据表的结构由多个字段组成，每一个字段表现为一个属性，作为一列都有其取值范围和取值类型，不能有空字段和重复字段	一个工作表的结构由多列数据项组成，每一列描述了该工作中的一个属性，都有其取值范围和取值类型，不能有空列和重复列，这些属性作为表头占据工作表的第 1 行，即标题行	人员基本信息表的结构为工号、姓名、性别、身份证、工作日期、部门、毕业学校、学历、基本工资等列。每个属性列的数据都必须是 Excel 支持的数据类型，都有一定的取值范围和格式
一个数据表中的数据是一行一行具有完全相同属性的记录，不能出现空行和两行完全相同的记录	一个工作表中从第 2 行开始是一行一行具有完全相同属性的记录，不能出现空行和两行完全相同的记录	人员基本信息表中的每一行分别代表不同员工的信息，可以为每个员工设计一个能唯一标识身份的属性——工号
一个数据表中至少有一个关键字或多个关键字	一个工作表中至少有一个或多个能唯一标识一行记录的属性	人员基本信息表中的工号、身份证属性都是关键字

关系数据库的数据模型	Excel 工作簿的数据结构	Excel 表格举例
多个数据表之间是有关系的，并且可以通过相同名称的关键字建立关系	多个工作表之间是有关系的，并且可以通过相同名称的属性建立关系	一个人事管理工作簿中的人员基本信息表、工资表、考勤表、业绩表等是通过工号建立关系的，即通过工号可以在不同工作表中找到同一个员工的不同信息

2.5 数据效率低的根源——数据冗余性

教学视频

数据的冗余性是指多余的、重复的数据，这些数据的出现不仅增加了表格设计和输入的负担，更让整个表格结构变得臃肿，大大降低了表格的可读性和可分析性！

那么，什么样的数据是冗余数据呢？如下图所示。（素材 \ch02\2.5.xlsx）

	A	B	C	D	E	F	G	H
1	序号	姓名	身份证号码	出生年月	性别	参加工作时间	工龄	名次
2	1	刘怡	340111196303067015	1963年3月6日	男	1980年8月	21	2
3	2	孙尔	352012197810295000	1978年10月29日	女	1997年3月	4	3
4	3	皮叁	221217195204195093	1952年4月19日	男	1970年5月	31	1

上图中的表格，刚看上去好像没什么问题，但仔细看就会发现，其实，有了"身份证号码"，"出生年月"和"性别"就都有了。

如果有了"身份证号码"，就可以通过公式计算"出生年月"和"性别"，如下图所示。

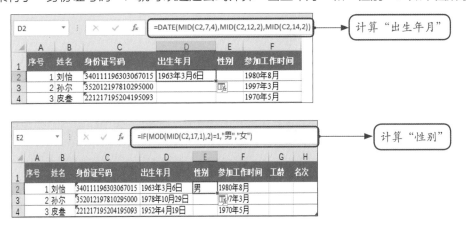

2.6 "糊涂账"的解决之道——数据耦合性

教学视频

耦合性指的是"你中有我，我中有你"，也可以说是"你依赖我，我依赖你"。在 Excel 中，数据的耦合性指的是两个或两个以上的对象之间存在互相依赖的关系，在同一张工作表或不同工作表之间存在耦合。如果处理好这种关系可以简化表格结构，否则就是一本"糊涂账"。

1 同一张工作表中的数据耦合

数据耦合性其实有很多好处，如下图中的例子。

	A	B	C	D	E	F	G	H
1	序号	姓名	身份证号码	出生年月	性别	参加工作时间	工龄	名次
2	1	刘怡	340111196303067015	1963年3月6日	男	1980年8月	38	2
3	2	孙尔	352012197810295000	1978年10月29日	女	1997年3月	21	3
4	3	皮叁	221217195204195093	1952年4月19日	男	1970年5月	48	1

有了"身份证号码"，可以很轻松地计算出"出生年月"和"性别"，不仅减少了手工输入的麻烦，提高了制表效率，更重要的是，不会因为输入而出错，大大提高了数据准确性！

但是，反过来，如果被依赖数据出了问题，就会出现错误，如下图所示。

	A	B	C	D	E	F	G	H
1	序号	姓名	身份证号码	出生年月	性别	参加工作时间	工龄	名次
2	1	刘怡		#VALUE!	######	1980年8月	38	2
3	2	孙尔	352012197810295000	1978年10月29日	女	1997年3月	21	3
4	3	皮叁	221217195204195093	1952年4月19日	男	1970年5月	48	1

2 不同工作表之间的数据耦合

工作表之间的数据存在依赖关系是常见的情况，通常把一些标准的、原始的数据，或者基本保持不变的数据作为参数单独存放在一张工作表中，而一些经常变化的日常数据存放在第二张工作表中，将最终的汇总、分析结果存放在第三张工作表中，这样 3 张工作表之间就存在了密不可分的关系。

（1）"基本信息"表如下图所示。（素材 \ch02\2.6-2-1.xlsx）

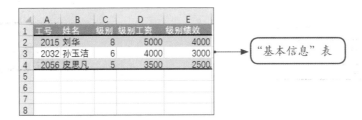

"基本信息"表

（2）"实发信息"表如下图所示。（素材 \ch02\2.6-2-2.xlsx）

"实发信息"表

（3）"最终信息"表如下图所示。（素材 \ch02\2.6-2-3.xlsx）

"最终信息"表

具体操作步骤如下。

步骤 01 计算"实发工资"，如下图所示。

=表1[@级别工资]+表1[@级别绩效]+[@业务奖励]+[@全勤奖励]-[@业务扣除]-[@请假扣除]-[@迟到扣除]-[@早退扣除]

工号	业务奖励	全勤奖励	业务扣除	请假扣除	迟到扣除	早退扣除	实发工资
2015	3000	300	0	50	0	20	12230
2032	4000	300	0	20	0	0	
2056	2500	300	0	0	20	0	

步骤 02 计算"姓名"，如下图所示。

=VLOOKUP([@工号],表1[#全部],[工号]:[姓名]],2)

工号	姓名	实发工资
2015	刘华	
2032		
2056		

步骤 03 使用 VLOOKUP 函数调用"实发工资"数据，如下左图所示，最终结果如下右图所示。

	A	B	C	D	E	F
	C2		fx	=VLOOKUP([工号],表2[#全部],8)		
1	工号	姓名	实发工资			
2	2015 刘华		12230			
3	2032 孙玉洁					
4	2056 皮思凡					

	A	B	C
1	工号	姓名	实发工资
2	2015 刘华		12230
3	2032 孙玉洁		11280
4	2056 皮思凡		8780

2.7 领导交代的任务无法完成——数据完整性

从字面上理解,数据完整性就是在创建一张或多张工作表时,必须完整地记录所有需要的信息。以考勤而言,需要记录以下 3 类信息。 (素材 \ch02\2.7.xlsx)

(1) 基础信息:工号、姓名、上班时间、下班时间,如下图所示。

	A	B	C	D
1	工号	姓名	上班时间	下班时间
2	0025	刘华	8:00	17:00
3	0036	孙玉洁	8:00	17:00
4	0052	皮思凡	8:00	17:00

基本信息

(2) 考勤信息:工号、上班打卡时间、是否迟到、下班打卡时间、是否早退、是否请假、是否公出、是否旷工,如下图所示。

	A	B	C	D	E	F	G	H
1	工号	上班打卡时间	是否迟到	下班打卡时间	是否早退	是否请假	是否公出	是否旷工
2	0025	7:50		19:00		0	0	0
3	0036	8:40		17:20		0	0	0
4	0052	7:53		16:40		0	0	0

考勤信息

(3) 统计信息:工号、迟到扣款、早退扣款、请假扣款、旷工扣款、实际扣款,如下图所示。

	A	B	C	D	E	F
1	工号	迟到扣款	早退扣款	请假扣款	旷工扣款	实际扣款
2	0025					
3	0036					
4	0052					

统计信息

然后,计算是否"迟到""早退",如下图所示。

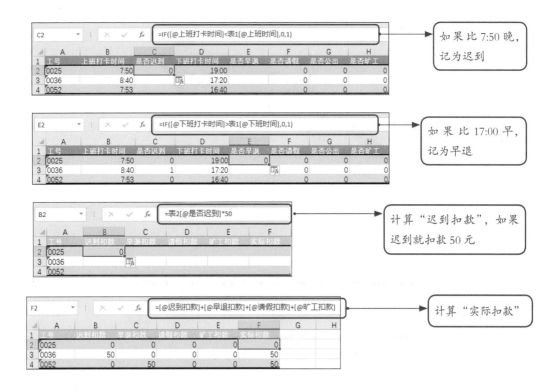

如果比 7:50 晚，记为迟到

如果比 17:00 早，记为早退

计算"迟到扣款"，如果迟到就扣款 50 元

计算"实际扣款"

2.8 改造不规范的基础表

教学视频

凡事预则立，不预则废。设计基础表也是一样，在设计之前，应该先了解工作环境，需要做什么，并设计如何去做。

① 了解工作环境，明确制表目的

修改和设计表格之前，应该详细了解工作环境，清楚领导的要求、部门之间的合作关系，以及公司的企业文化，如下图所示。

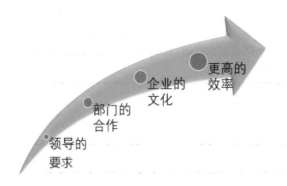

了解了工作环境后，下一步就要明确制表的目的，弄清楚通过表格要达到什么目的。下图所示的是领导需要的一份各部门费用情况统计表。（素材 \ch02\2.8-1.xlsx）

	A	B	C	D	E	F
1	部门	办公费	差旅费	宣传费	招待费	合计
2	办公室	3000	6000	3000	16000	28000
3	策划部	2000	3000	8000	6000	19000
4	销售部	1000	12000	2000	24000	39000
5	研发部	1500	8000	2000	4000	15500

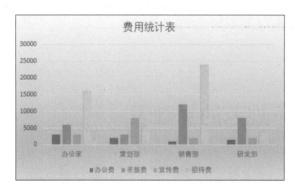

2 设计表格字段

一个看似简单的工作表，却是由一个个字段勾勒出来的精美作品。每个表格的框架、字段设计，都充分反映了设计者的工作智慧。

有人说，如果不了解这个行业，就不可能做出与该行业有关的表格。其实不然，从表格设计的角度来讲，在任意一个领域足够专业的人，都很容易领悟其他行业的管理要点和工作流程，只要充分了解制表的背景和目的，就能把握设计表格的命脉，如下图所示。（素材 \ch02\2.8-2.xlsx）

序号	姓名	性别	身高	岗位工资	绩效工资	保留福利	应发工资	扣医保	扣公积金	扣款1	实发工资
1	刘大	男	175	3200	2800	2000	8000	126	850	120	6904
2	孙二	女	168	3000	2400	1500	6900	112	780	0	6008
3	皮三	女	170	2800	2200	1000	6000	108	720	0	5172

从下图的设计可以看出，其目的是说明每个员工的工资情况，其中有些字段是多余的，如"身高""性别"，在这里都没有意义。

当然，除了多余的，还有不足的字段，缺少了这些字段不足以说明问题，甚至可能会出现误会和错误。例如，在上图中，关键字字段应该是"姓名"，可是，如果公司有两个人同名怎么办？所以需要添加"工号"字段来进行唯一标识。同时，有一个"扣款1"字段，那么扣的是什么需要进行说明，所以这里需要补充一个"备注"字段，如下图所示。

序号	工号	姓名	岗位工资	绩效工资	保留福利	应发工资	扣医保	扣公积金	扣款1	实发工资	备注
1	0021	刘大	3200	2800	2000	8000	126	850	120	6904	请假一天
2	0035	孙二	3000	2400	1500	6900	112	780	0	6008	
3	0046	皮三	2800	2200	1000	6000	108	720	0	5172	

③ 美化表格

基础表设计出来后，可以根据个人爱好将其美化，制作出令人赏心悦目的精美表格，美化表格的方法包括设置字体格式及对齐方式、调整行高或列宽、为单元格填充颜色等。

下图所示为某公司年会活动得分排名表。（素材 \ch02\2.6-3.xlsx）

序号	部门	第一关得分	第二关得分	第三关得分	第四关得分	第五关得分	总分	排名
1	办公室	20	25	10	30	40	125	2
2	销售部	15	30	15	25	35	120	3
3	人事部	20	25	15	20	30	110	4
4	研发部	10	40	10	30	40	130	1

美化排名表的具体操作步骤如下。

步骤 01 调整字体格式。设置所有汉字字体为"仿宋"、字号为"12"，设置所有数字字体为"Times New Roman"、字号为"12"，并适当调整列宽，如下图所示。

序号	部门	第一关得分	第二关得分	第三关得分	第四关得分	第五关得分	总分	排名
1	办公室	20	25	10	25	40	125	2
2	销售部	15	30	15	25	35	120	3
3	人事部	20	25	15	20	30	110	4
4	研发部	10	40	10	30	40	130	1

步骤 02 设置对齐方式。由于每列数字位数相同，因此将表格设置为"居中对齐"，如下图所示。

序号	部门	第一关得分	第二关得分	第三关得分	第四关得分	第五关得分	总分	排名
1	办公室	20	25	10	30	40	125	2
2	销售部	15	30	15	25	35	120	3
3	人事部	20	25	15	20	30	110	4
4	研发部	10	40	10	30	40	130	1

步骤 03 设置行高和列宽。习惯上，把行高设置为"18"，让文字上下多一点空间，以方便阅读，如下图所示。

	序号	部门	第一关得分	第二关得分	第三关得分	第四关得分	第五关得分	总分	排名
1	序号	部门	第一关得分	第二关得分	第三关得分	第四关得分	第五关得分	总分	排名
2	1	办公室	20	25	10	30	40	125	2
3	2	销售部	15	30	15	25	35	120	3
4	3	人事部	20	25	15	20	30	110	4
5	4	研发部	10	40	10	30	40	130	1

步骤 04 最后设置适当的边框和底纹，如下图所示。

	序号	部门	第一关得分	第二关得分	第三关得分	第四关得分	第五关得分	总分	排名
1	序号	部门	第一关得分	第二关得分	第三关得分	第四关得分	第五关得分	总分	排名
2	1	办公室	20	25	10	30	40	125	2
3	2	销售部	15	30	15	25	35	120	3
4	3	人事部	20	25	15	20	30	110	4
5	4	研发部	10	40	10	30	40	130	1

步骤 05 因为是比赛，所以可以把每关的最高分标识出来，如下图所示。

	序号	部门	第一关得分	第二关得分	第三关得分	第四关得分	第五关得分	总分	排名
1	序号	部门	第一关得分	第二关得分	第三关得分	第四关得分	第五关得分	总分	排名
2	1	办公室	20	25	10	30	40	125	2
3	2	销售部	15	30	15	25	35	120	3
4	3	人事部	20	25	15	20	30	110	4
5	4	研发部	10	40	10	30	40	130	1

2.9 用模板也能"打"天下

教学视频

在工作时，经常需要制作多种表格，如工作表、资金报表、财务报表等，如果一个个制作太烦琐，而且往往需要重复做，那么怎样才能一劳永逸呢？这就需要模板了。

简单地说，模板就是针对某一特殊领域的应用而专门设定的一个格式，如下图所示。（素材 \ch02\2.9.xlsx）

	调出人员情况登记表								
	单位：					日期：			
序号	姓名	性别	出生年月	工作性质	生育状况	子女数	调出日期	调入单位	备注

那么，如何设计模板呢？

（1）取消单元格锁定。

在修改模板之前，首先需要取消单元格的锁定。选中 A1:J10 单元格区域，在其上右击，在弹出的快捷菜单中，单击【设置单元格格式】按钮，在弹出的【设置单元格格式】对话框中，选择【保护】选项卡，取消选中【锁定】复选框，然后单击【确定】按钮，如下图所示。

（2）设置"序号"列属性。

接下来设置"序号"列属性，根据需要此处设置"序号"列的单元格格式和数据验证，具操作步骤如下。

步骤 **01** 选中 A 列并右击，在弹出的快捷菜单中，选择【设置单元格格式】选项，在弹出的【设置单元格格式】对话框中，选择【数字】选项卡，选择【分类】列表框中的【数值】选项，并设置【小数位数】为【0】，然后单击【确定】按钮，如右图所示。

步骤 **02** 单击【数据】选项卡【数据工具】组中的【数据验证】按钮，在弹出的【数据验证】对话框中选择【设置】选项卡，在【验证条件】中，设置【允许】为【整数】、【数据】为【介于】、【最小值】为【0】、【最大值】为【999】，如下左图所示。

步骤 03 选择【输入信息】选项卡，在【标题】文本框中输入【输入限制】，在【输入信息】文本框中输入【只能输入 0~999 的整数。】，如下右图所示。

步骤 04 选择【出错警告】选项卡，在【样式】下拉列表中选择【停止】选项，在【标题】文本框中输入【输入错误】，在【错误信息】文本框中输入【只能输入 0~999 的整数。】，然后单击【确定】按钮，如下左图所示。

步骤 05 此时，如果选择 A4:A10 单元格区域中的任意单元格，就会出现输入提示，如下右图所示。

步骤 06 如果输入的数据不在 0~999 范围内，就会弹出【输入错误】对话框，如下图所示。

（3）设置"性别"列属性。

接下来设置"性别"列属性，根据需要此处设置"序号"列的数据验证，具体操作步骤如下。

步骤 **01** 选中 C 列，单击【数据】选项卡【数据工具】组中的【数据验证】按钮，在弹出的【数据验证】对话框中选择【设置】选项卡，在【验证条件】中设置【允许】为【序列】，在【来源】中输入【男,女】，如下左图所示。

步骤 **02** 在【输入信息】选项卡中进行设置，如下右图所示。

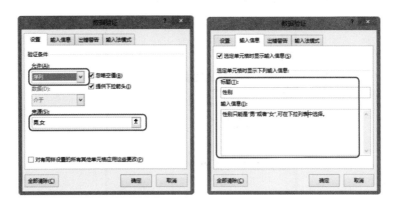

步骤 **03** 在【出错警告】选项卡中进行参数设置，然后单击【确定】按钮，如下图所示。

"性别"输入提示　　　　　　　　　　　　　"性别"输入错误提示

（4）设置"出生年月"列属性。

接下来设置"出生年月"列属性，根据需要此处设置"出生年月"列的单元格格式。选中 D 列并右击，在弹出的快捷菜单中选择【设置单元格格式】选项，在弹出的【设置单元格格式】对话框中，选择【数字】选项卡，在【分类】列表框中，选择【日期】选项，在【类型】列表框中选择一个日期格式，然后单击【确定】按钮，如下图所示。

（5）锁定表格结构。

接下来锁定相关单元格的表格结构，具体操作步骤如下。

步骤 01 选择相关单元格，如右图所示。

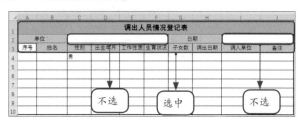

步骤 02 在选中的单元格上右击，在弹出的快捷菜单中选择【设置单元格格式】选项，在弹出的【设置单元格格式】对话框中，选择【保护】选项卡，选中【锁定】复选框，单击【确定】按钮，如右图所示。

（6）保护工作表。

最后设置工作表的保护，防止工作表数据的丢失，具体操作步骤如下。

步骤 **01** 单击【审阅】选项卡【保护】组中的【保护工作表】按钮，弹出【保护工作表】对话框，在【取消工作表保护时使用的密码】文本框中设置密码，这里设置为【123】，在【允许此工作表的所有用户进行】列表框中进行参数设置，然后单击【确定】按钮，如下左图所示。

步骤 **02** 在弹出的【确认密码】对话框中，再次输入密码"123"，然后单击【确定】按钮，如下右图所示。

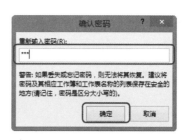

此时，模板就被保护起来，在"子女数"列上右击时，会发现在弹出的快捷菜单中【删除】选项不可用，也就是不能被删除，如下图所示。

同样，如果想修改"子女数"标题的名称，就会出现下图所示的情况。

当然，如果想要增加记录，是没有问题的，如下图所示。

> 增加记录是没有问题的

最后修改工作表名称，将其保存后退出，"调出人员情况登记表"的模板就制作完成了！

2.10 考勤表设计

考勤工作实际上并不简单,每个公司内部不同岗位的工作人员职能不同,考勤办法也不尽相同,不同公司的考勤制度更是形式多样,考勤工作的结果又直接影响着员工的工资发放,所以非常重要。

在本例中，把复杂的考勤工作简单化，假定每个月的打卡记录和每个月的考勤统计数据都单独放在一张工作表中保存起来，主要展示 Excel 在该工作中的应用，而且使用这个强大的工具可以自动、高效、准确地处理很多工作，把工作人员从日常事务中解放出来。

假设单位平时打卡登记上下班时间，每月初统计上个月单位的出勤情况，可以设计 5 张工作表分别存放不同类别的信息。

1 参数表

参数表存放每月的出勤天数、每天上下班时间，以及部门、民族、学历等相对固定不变的信息，如下图所示。该表中数据按照本单位实际情况输入即可，日常也可以进行修改和增删。

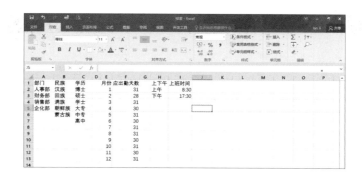

2 员工基本信息表

下图中设计的表格，存放着本公司员工的基本信息，新员工入职时增加记录，员工离职后删除记录，但是删除记录前一定要做好数据备份，特别是与该表相关的其他表格要做好备份，最好打印出来存档，留下不同时间节点的工作痕迹。单位要制订严格的管理制度，规定记录删除的时间节点、操作流程等，否则会造成记录信息的不完整。

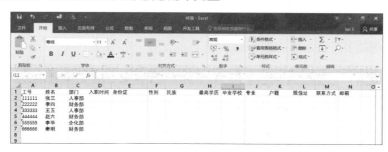

3 打卡表

打卡表存放员工每天上下班打卡时间信息。假定每天上班打一次卡、下班打一次卡，打卡时系统自动记录打卡人的工号、打卡日期、打卡时间，并能自动判断是"上班"还是"下班"打卡，同时根据公司规定的每天上下班时间判断是否迟到、早退，发生一次迟到、早退现象记录违纪"0.5"天，如下图所示。该表不需要工作人员进行任何操作，在购置打卡系统时将本公司的具体要求告知供应商即可。

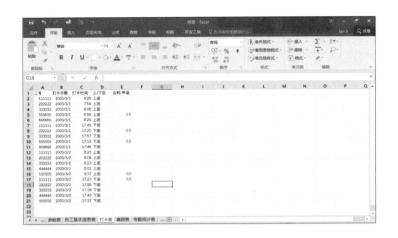

4　请假表

请假表存放公司员工请假信息。所有请假事项需要依据领导批准过的请假申请输入，除"姓名"字段自动填充外，其他字段都需要由工作人员手工输入，其中"时长"字段只记录两种情况：半天和一天，分别用"½"和"1"表示（½ 和 1 是两个特殊字符），请假 1 天产生 1 条记录，如果某员工请 3 天假就要产生 3 条"请假日期"不同的记录，如下图所示。

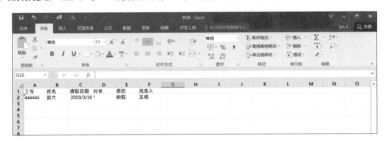

5　考勤统计表

考勤统计表存放每个月公司所有员工的考勤汇总信息。表中除了"黄底红字"的文字外，其他所有单元格在统计前均为空白，如下图所示。统计某月考勤情况时，只需输入"年"和"月"，本例中是"2003"和"3"，表中其他单元格数据全部自动填充。该表每月一张，从表上可以看出每个员工在统计月中每天的迟到、早退、请假情况，以及当月实际出勤的汇总天数。为了简化表格设计，本例中没有考虑旷工、产假、公休假、出差等诸多情况。

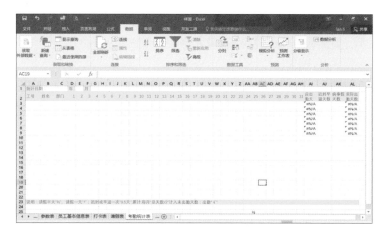

以上 5 张表各司其职、相互配合共同完成考勤管理统计。其中，参数表、员工基本信息表极少维护，打卡表不需要人工维护，请假表需要人工输入数据，考勤统计表只需输入统计的年和月，当月汇总数据全部可以自动填充。可以看出，考勤统计表不但结构最复杂，而且其中的所有数据均来源于其他 4 张表。下面主要介绍请假表和考勤统计表的设计过程。

（1）请假表的设计。

① 工号。

选中 A 列，将其设置为文本格式。假设工号由 6 位字符组成，此表中工号可以出现重复数据。选中 A2 单元格，设置其"数据有效性"，弹出【数据验证】对话框，在【设置】选项卡中进行参数设置，将【允许】设置为【文本长度】，【数据】设置为【等于】，在【长度】文本框中输入【6】。向下复制 A2 单元格的有效性。

② 姓名。

员工姓名根据"工号"自动从"员工基本信息表"中取得。在 B2 单元格中输入公式【=IF(A2<>"",VLOOKUP(A2, 员工基本信息表 !$A:$B,2),"")】。向下复制 B2 单元格的公式。

③ 请假日期。

选中 C 列，将其设置为短日期格式。

④ 时长。

如果请假半天，输入【½】，请假一天，输入【1】，这是两个特殊符号。选中 D2 单元格，设置其"数据有效性"，弹出【数据验证】对话框，在【设置】选项卡中进行参数设置，将【允许】设置为【序列】，在【来源】文本框中输入【½,1】。向下复制 D2 单元格的有效性。

⑤ 原因。

请假有两种情况："病假"或"事假"。选中 E2 单元格，设置其"数据有效性"，弹出【数据验证】对话框，在【设置】选项卡中进行参数设置，将【允许】设置为【序列】，在【来源】文本框中输入【病假,事假】。向下复制 E2 单元格的有效性。

（2）考勤统计表的设计。

当输入"年"和"月"后，所有单元格数据自动根据"打卡表"和"请假表"中的考勤信息计算并填充。

① 工号。

自动从"员工基本信息表"中提取所有员工工号。在 A3 单元格中输入公式【=IF(AND(NOT(ISBLANK($C$1)),NOT(ISBLANK($E$1))),IF(ISBLANK(员工基本信息表!A2),"",员工基本信息表!A2),"")】。向下复制 A3 单元格的公式，即可自动从"员工基本信息表"中依次提取所有员工的工号。

② 姓名。

员工姓名可根据工号从"员工基本信息表"中引用。在 B3 单元格中输入公式【=IF(AND(NOT(ISBLANK($C$1)),NOT(ISBLANK($E$1))),IF(ISBLANK(员工基本信息表!B2),"",员工基本信息表!B2),"")】。向下复制 B3 单元格的公式。

③ 部门。

部门可根据工号从"员工基本信息表"中引用。在 C3 单元格中输入公式【=IF(AND(NOT(ISBLANK($C$1)),NOT(ISBLANK($E$1))),IF(ISBLANK(员工基本信息表!C2),"",员工基本信息表!C2),"")】。向下复制 C3 单元格的公式。

④ 1（日）。

首先，判断"请假表"中该员工当天有无记录，若有则把"时长"值填充在当前单元格中，否则看"打卡表"中的打卡记录。为方便在"请假表"中找到相关请假记录，添加一个辅助列——合并工号和请假日期，将其放在"时长"字段前，在 D2 单元格中输入公式【=A2&YEAR(C2)&MONTH(C2)&DAY(C2)】。向下复制 D2 单元格公式，如下图所示。

然后，在"打卡表"中查找该员工的刷卡信息，若有迟到或早退则累加"天数"，并记入

统计表当前单元格中。在 D3 单元格中输入公式【=IF(ISERROR(VLOOKUP($A3&$C$1&$E$1&D$2, 请假表 !$D$2:$E$5,2,)="#N/A"),IF(SUMIFS(打卡表 !$E$2:$E$21, 打卡表 !$A$2:$A$21, 考勤统计表 !$A3, 打卡表 !$B$2:$B$21, 考勤统计表 !$C$1&"/"& 考勤统计表 !$E$1&"/"& 考勤统计表 !D$2)=0,"",SUMIFS(打卡表 !$E$2:$E$21, 打卡表 !$A$2:$A$21, 考勤统计表 !$A3, 打卡表 !$B$2:$B$21, 考勤统计表 !$C$1&"/"& 考勤统计表 !$E$1&"/"& 考勤统计表 !D$2)),VLOOKUP($A3&$C$1&$E$1&D$2, 请假表 !$D$2:$E$5,2,))】，如下图所示。向下复制 D3 单元格的公式，向右复制 D3 单元格的公式到 31（日）列。

这个公式实在太长，其实用公式实现此功能并不是上策，可以在学习了 VBA 后用编程的方法解决此类复杂的问题。

应注意对打卡表行数的引用！如果公司员工有 100 个，每天打卡两次，一个月按 31 天计算，一个月的数据量为 6200 行。如果该表记录一年的打卡数据，就要引用 74400 行记录，所以可以考虑每个月的打卡数据单独保存在一张工作表中。这样就要设计好工作表的名称，因为在表间进行数据引用时"工作表名"也会被引用。

⑤ 应出勤天数。

应出勤天数根据统计"月"从"参数表"中引用。在 AI3 单元格中输入公式【=IF(NOT(ISBLANK(A3)),VLOOKUP($E$1, 参数表 !$E$2:$F$13,2),A3)】。向下复制 AI3 单元格的公式。

⑥ 迟到早退天数。

引用 D3:AH3 单元格区域，直接累加填充的数据"0.5"和"1"，迟到或早退一次记"0.5 天"，若当天迟到和早退各有一次则记为"1 天"。在 AJ3 单元格中输入公式【=IF(SUM(D3:AH3)=0,"",SUM(D3:AH3))】。向下复制 AJ3 单元格的公式。

⑦ 病事假天数。

引用 D3:AH3 单元格区域，统计特殊字符"½"和"1"的个数，换算为天数进行累加。在 AK3 单元格中输入公式【=IF(COUNTIF(D3:AH3,"½")*0.5+COUNTIF(D3:AH3,"1")=0,"",COUNTIF (D3:AH3,"½")*0.5+COUNTIF(D3:AH3,"1"))】。向下复制 AK3 单元格的公式。

⑧ 实际出勤天数。

实际出勤天数 = 当月应出勤天数－迟到早退天数 /2 －病事假天数。在此，迟到和早退天数减半计入。在 AL3 单元格中输入公式【=AI3-IF(AJ3<>"",AJ3/2,0)-IF(AK3<>"",AK3,0)】。向下复制 AL3 单元格的公式。

（3）对两张表结构的保护设置。

对以上两张表结构的保护设置参照前面对"员工基本信息表"的保护设置的操作步骤。

最后还要强调数据安全，不要只看到考勤统计表能自动填充所有汇总数据，还要想到一旦其他 4 张表中任何一个被其引用的数据改动，其后果是相当严重的——统计表中的数据会自动更新！所以，每个月汇总结果出来后，对最终的考勤统计表格一定要对"数据值"进行【复制】→【选择性粘贴】，即去除公式后仅复制数据的备份，否则可能出现数据不完整的情况。

2.11 进销存表格设计

公司的进货、销售和库存在管理上相当复杂，因公司规模、管理模式、财务管理制度的不同，造成设计统一的物资进销存系统很难。

在本例中，仍然把复杂的物资管理工作简单化，假定每个月的进出流水和每个月的盘存数据单独放在一张工作表中保存，目的在于展示 Excel 在该工作中的应用。假设所有物资存放在一个仓库中，就要对仓库管理工作设计 4 张工作表分别存放不同类别的信息。

1 参数表

参数表存放货物名称、品牌、单位、货物分类、部门、经手人等相对固定不变的信息，如下图所示。表中数据按照本公司实际情况输入即可，日常也可以进行修改和增删。

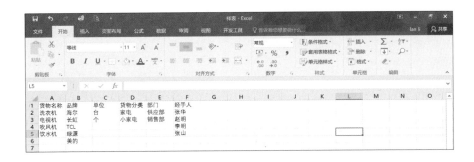

2 库存表

库存表存放仓库每个盘存周期期初的物资存放信息，如下图所示。该表建立后基本不需要人工维护，有新物资入库时首先在该表中增加其基本信息，然后才可以在其他两表中处理该物资进出及统计。日常也可以修改和删除物资记录，但是物资编号一旦输入就不能修改，删除记录也必须备份后按规定处理，否则会造成与流水表和统计表数据不一致或数据不完整。

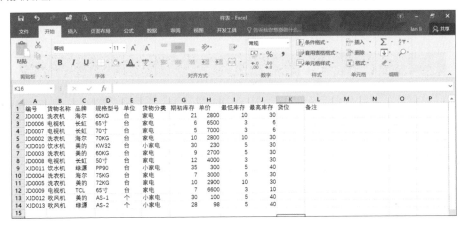

3 流水表

流水表存放进出仓库记录，如下图所示。该表建立后，仓库每发生一次物资的进出就要在表中记录进出单上的基本信息。

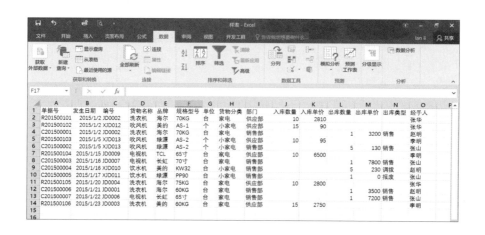

④ 统计表

统计表是指在规定的盘存日期对仓库物资进行一次汇总，一般每月进行一次。只需在表头部输入盘存的年份和月份，其他单元格区域数据能自动根据库存表和流水表计算并填充数据，如下图所示。

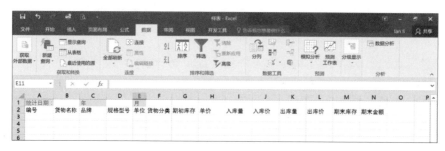

后 3 个表分别记录仓库物资不同状态下的数据，且相互配合共同完成仓库物资的管理工作。其中，库存表极少维护，流水表人工处理最多，统计表只需输入统计的年份和月份，当月汇总数据全部可以自动填充。下面介绍这 3 个表的设计过程。

（1）库存表设计。

① 编号。

假设物资编号由 6 位字符组成，并且编号不能出现重复数据。选中 A2 单元格，在【数据】选项卡中单击【数据验证】下拉按钮，选择【数据验证】选项，弹出【数据验证】对话框。在【设置】选项卡中进行参数设置，将【允许】设置为【自定义】，在【公式】文本框中输入【=AND(COUNTIF($A:$A,A2)=1,LEN(A2)=6)】。向下复制 A2 单元格的有效性。

② 货物名称。

选中 B 列，对其"数据有效性"进行设置。弹出【数据验证】对话框，在【设置】选项卡中，将【允许】设置为【序列】，【来源】设置为【=" 进销存 - 参数表 "!$A$2:$A$5】。

③ 品牌。

选中 C 列，对其"数据有效性"进行设置。弹出【数据验证】对话框，在【设置】选项卡中，将【允许】设置为【序列】，【来源】设置为【=" 进销存 - 参数表 "!$B$2:$B$6】。

④ 单位。

选中 E 列，对其"数据有效性"进行设置。弹出【数据验证】对话框，在【设置】选项卡中，将【允许】设置为【序列】，【来源】设置为【=" 进销存 - 参数表 "!$C$2:$C$3】。

⑤ 货物分类。

选中 F 列，对其"数据有效性"进行设置。弹出【数据验证】对话框，在【设置】选项卡中，将【允许】设置为【序列】，【来源】设置为【=" 进销存 - 参数表 "!$D$2:$D$3】。

（2）流水表设计。

① 单据号。

假设单据号由 10 位字符组成，并且单据号不能出现重复数据。选中 A2 单元格，在【数据】选项卡中单击【数据验证】下拉按钮，选择【数据验证】选项，弹出【数据验证】对话框。在【设置】选项卡中进行参数设置，将【允许】设置为【自定义】，在【公式】文本框中输入【=AND(COUNTIF($A:$A,A2)=1,LEN(A2)=10)】。向下复制 A2 单元格的有效性。

② 发生日期。

选中 B 列，将其设置为短日期格式。

③ 编号。

假设物资编号由 6 位字符组成，该表中编号可以出现重复数据。选中 A2 单元格，在【数据】选项卡中单击【数据验证】下拉按钮，选择【数据验证】选项，弹出【数据验证】对话框。在【设置】选项卡中进行参数设置，将【允许】设置为【文本长度】，【数据】设置为【等于】，在【长度】文本框中输入【6】。向下复制 A2 单元格的有效性。

④ 货物名称。

根据输入的货物"编号"自动从"库存表"中获取"名称"并填充。选中 D2 单元格，输入公式【=IF(C2<>"",VLOOKUP(C2,' 进销存 - 库存表 '!$A$2:$B$14,2,0),"")】，并向下复制公式。

⑤ 品牌。

根据输入的货物"编号"自动从"库存表"中获取"品牌"并填充。选中 E2 单元格，输入公式【=IF(C2<>"",VLOOKUP(C2,' 进销存 - 库存表 '!$A$2:$C$14,3,0),"")】，并向下复制公式。

⑥ 单位。

根据输入的货物"编号"自动从"库存表"中获取"单位"并填充。选中 G2 单元格，输入公式【=IF(C2<>"",VLOOKUP(C2,' 进销存 - 库存表 '!$A$2:$E$14,5,0),"")】，并向下复制公式。

⑦ 货物分类。

根据输入的货物"编号"自动从"库存表"中获取"分类"并填充。选中 H2 单元格，输入公式【=IF(C2<>"",VLOOKUP(C2,' 进销存 - 库存表 '!$A$2:$F$14,6,0),"")】，并向下复制公式。

⑧ 部门。

选中 I 列，对其"数据有效性"进行设置。弹出【数据验证】对话框，在【设置】选项卡中，将【允许】设置为【序列】，【来源】设置为【=" 进销存 - 参数表 "!$E$2:$E$3】。

⑨ 出库类型。

出库类型有 3 种：销售、调拨、报废。选中 N2 单元格，设置其"数据有效性"，弹出【数据验证】对话框，在【设置】选项卡中进行参数设置，将【允许】设置为【序列】，在【来源】文本框中输入【销售，调拨，报废】。向下复制 N2 单元格的有效性。

⑩ 经手人。

选中 O 列，对其"数据有效性"进行设置。弹出【数据验证】对话框，在【设置】选项卡中，将【允许】设置为【序列】，【来源】设置为【=" 进销存 - 参数表 "!$F$2:$F$5】。

另外，对于"入库数量、入库单价、出库数量、出库单价"也需要设置输入条件：当"单据号"首字符为"R"时只能在"入库数量、入库单价"列输入数据，并且值要"≥ 1 或 >0"；当"单据号"首字符为"C"时只能在"出库数量、出库单价"列输入数据，并且值要"≥ 1 或 ≥ 0"，因为"报废"时"单价"为 0。

● 选中 J2 单元格，在【数据】选项卡中单击【数据验证】下拉按钮，选择【数据验证】选项，弹出【数据验证】对话框。在【设置】选项卡中进行参数设置，将【允许】设置为【自定义】，在【公式】文本框中输入【=AND(LEFT(A2,1)="R",J2>=1)】。向下复制 J2 单元格的有效性。

● 选中 K2 单元格，在【数据】选项卡中单击【数据验证】下拉按钮，选择【数据验证】选项，弹出【数据验证】对话框。在【设置】选项卡中进行参数设置，将【允许】设置为【自定义】，在【公式】文本框中输入【=AND(LEFT(A2,1)="R",K2>0)】。向下复制 K2 单元格的有效性。

● 选中 L2 单元格，在【数据】选项卡中单击【数据验证】下拉按钮，选择【数据验证】选项，弹出【数据验证】对话框。在【设置】选项卡中进行参数设置，将【允许】设置为【自定义】，在【公式】文本框中输入【=AND(LEFT(A2,1)="C",L2>=1)】。向下复制 L2 单元格的有效性。

● 选中 M2 单元格，在【数据】选项卡中单击【数据验证】下拉按钮，选择【数据验证】选项，弹出【数据验证】对话框。在【设置】选项卡中进行参数设置，将【允许】设置为【自定义】，在【公式】文本框中输入【=AND(LEFT(A2,1)="C",M2>=0)】。向下复制 M2 单元格的有效性。

（3）统计表设计。

每个盘存日，工作人员在 B1 单元格中输入年份，在 D1 单元格中输入月份，其他单元格中的数据能自动从另外几张工作表中取得、汇总并填充在相应位置。

① 编号、货物名称、品牌、规格型号、单位、货物分类。

● 编号。自动从"库存表"中提取所有物资编号。在 A3 单元格中输入公式【=IF(AND(NOT(ISBLANK($B$1)),NOT(ISBLANK($D$1))),IF(ISBLANK(' 进销存 - 库存表 '!A2),"",' 进销存 - 库存表 '!A2),"")】。向下复制 A3 单元格的公式。

● 货物名称。自动从"库存表"中提取所有物资名称。在 B3 单元格中输入公式【=IF(AND(NOT(ISBLANK($B$1)),NOT(ISBLANK($D$1))),IF(ISBLANK(' 进销存 - 库存表 '!B2),"",' 进销存 - 库存表 '!B2),"")】。向下复制 B3 单元格的公式。

● 品牌。自动从"库存表"中提取所有物资品牌。在 C3 单元格中输入公式【=IF(AND(NOT(ISBLANK($B$1)),NOT(ISBLANK($D$1))),IF(ISBLANK(' 进销存 - 库存表 '!C2),"",' 进销存 - 库存表 '!C2),"")】。向下复制 C3 单元格的公式。

● 规格型号。自动从"库存表"中提取所有物资规格型号。在 D3 单元格中输入公式【=IF(AND(NOT(ISBLANK($B$1)),NOT(ISBLANK($D$1))),IF(ISBLANK(' 进销存 - 库存表 '!D2),"",' 进销存 - 库存表 '!D2),"")】。向下复制 D3 单元格的公式。

● 单位。自动从"库存表"中提取所有物资单位。在 E3 单元格中输入公式【=IF(AND(NOT(ISBLANK($B$1)),NOT(ISBLANK($D$1))),IF(ISBLANK(' 进销存 - 库存表 '!E2),"",' 进销存 - 库存表 '!E2),"")】。向下复制 E3 单元格的公式。

● 货物分类。自动从"库存表"中提取所有物资分类。在 F3 单元格中输入公式【=IF(AND(NOT(ISBLANK($B$1)),NOT(ISBLANK($D$1))),IF(ISBLANK(' 进销存 - 库存表 '!F2),"",' 进销存 - 库存表 '!F2),"")】。向下复制 F3 单元格的公式。

② 期初库存。

自动从"库存表"中提取所有物资分类期初库存。首先，按【Ctrl+1】组合键弹出【设置单元格格式】对话框，定义 G 列为"数值"类型，且没有小数位。然后，在 G3 单元格中输入公式【=IF(AND(NOT(ISBLANK($B$1)),NOT(ISBLANK($D$1))),IF(ISBLANK(' 进销存 - 库存表 '!G2),"",' 进销存 - 库存表 '!G2),"")】。向下复制 G3 单元格的公式。

③ 单价。

自动从"库存表"中提取所有物资分类期初单价。首先，按【Ctrl+1】组合键弹出【设置单元格格式】对话框，定义 H 列为"数值"类型，且没有小数位。然后，在 H3 单元格中输入公式【=IF(AND(NOT(ISBLANK($B$1)),NOT(ISBLANK($D$1))),IF(ISBLANK(' 进销存 - 库存表 '!H2),"",' 进销存 - 库存表 '!H2),"")】。向下复制 H3 单元格的公式。

④ 入库量。

首先，按【Ctrl+1】组合键弹出【设置单元格格式】对话框，定义 I3 列为"数值"类型，且没有小数位。然后，在 I3 单元格中输入公式【=IF(SUMIF(' 进销存 - 流水表 '!$C$2:$C$21,' 进销存 - 统计表 '!A3,' 进销存 - 流水表 '!$J$2:$J$24)=0,"",SUMIF(' 进销存 - 流水表 '!$C$2:$C$21,' 进销存 - 统计表 '!A3,' 进销存 - 流水表 '!$J$2:$J$24))】。向下复制 I3 单元格的公式。

⑤ 入库价。

首先，按【Ctrl+1】组合键弹出【设置单元格格式】对话框，定义 J3 列为"数值"类型，且没有小数位。然后，在 J3 单元格中输入公式【=IF(ISNUMBER(I3),SUMPRODUCT((' 进销存 - 流水表 '!$C$2:$C$18=' 进销存 - 统计表 '!A3)*(' 进销存 - 流水表 '!$J$2:$J$18)*(' 进销存 - 流水表 '!$K$2:$K$18))/I3,"")】。向下复制 J3 单元格的公式。

⑥ 出库量。

首先，按【Ctrl+1】组合键弹出【设置单元格格式】对话框，定义 K3 列为"数值"类型，且没有小数位。然后，在 K3 单元格中输入公式【=IF(SUMIF(' 进销存 - 流水表 '!$C$2:$C$21,' 进销存 - 统计表 '!A3,' 进销存 - 流水表 '!$L$2:$L$24)=0,"",SUMIF(' 进销存 - 流水表 '!$C$2:$C$21,' 进销存 - 统计表 '!A3,' 进销存 - 流水表 '!$L$2:$L$24))】。向下复制 K3 单元格的公式。

⑦ 出库价。

首先，按【Ctrl+1】组合键弹出【设置单元格格式】对话框，定义 L3 列为"数值"类型，且没有小数位。然后，在 L3 单元格中输入公式【=IF(ISNUMBER(K3),SUMPRODUCT((' 进销存 - 流水表 '!$C$2:$C$19=' 进销存 - 统计表 '!A3)*(' 进销存 - 流水表 '!$L$2:$L$19)*(' 进销存 - 流水表 '!$M$2:$M$19))/K3,"")】。向下复制 L3 单元格的公式。

⑧ 期末库存。

首先，按【Ctrl+1】组合键弹出【设置单元格格式】对话框，定义 M3 列为"数值"类型，且没有小数位。然后，在 M3 单元格中输入公式【=G3+IF(ISNUMBER(I3),I3,0)-IF(ISNUMBER(K3),K3,0)】。向下复制 M3 单元格的公式。

⑨ 期末金额。

首先，按【Ctrl+1】组合键弹出【设置单元格格式】对话框，定义 N3 列为"数值"类型，且没有小数位。然后，在 N3 单元格中输入公式【=M3*((G3*H3+IF(ISNUMBER(I3),I3,0)*IF(ISNUMBER(J3),J3,0))/(G3+IF(ISNUMBER(I3),I3,0))】。向下复制 N3 单元格的公式。

每个月盘存数据如下图所示。

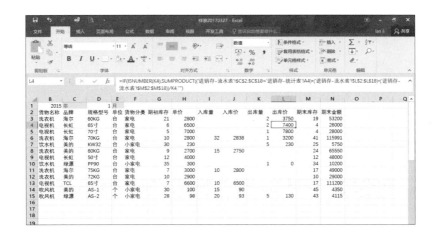

2.12 横向科研经费奖励表格设计

在公司年底科研奖励管理工作中，首先由项目负责人根据实际工作中项目组成员承担工作量情况填写奖金分配比例，然后由公司审批后发放奖金。

公司所有已经审核过的奖励信息保存在"横向科研项目奖励表"中，在填写申请表时只需填写"项目编码"，就能自动找到其他信息并填充在相应单元格中，输入"工号"后能自动在"员工基本信息表"中找到姓名、单位信息并填充在相应单元格中。如果申请表中的分配金额等于"横向科研项目奖励表"中的奖励金额，那么在右侧"分配初步校验"处会显示"分配完成"，否则说明分配金额不对，需要重新分配，直到把奖励金额全部分配完为止。

综上所述，本系统一共设计了3张表：员工基本信息表、横向科研项目奖励表、横向科研项目奖励申请表，如下图所示。

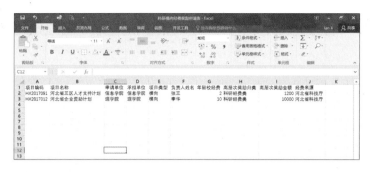

这里主要介绍"横向科研项目奖励申请表"的设计过程。该表在填写过程中只允许在绿色框中输入信息。输入数据流程分为三步：①输入项目编码；②输入分配给人员的工号；③输入分配金额。要求奖励金额本年度全部分配完，不能预留到下年度，待右侧"自动审核提示"中的"分配初步核验"显示"分配完成"时，即可保存并打印表格。

（1）利用"数据有效性"功能添加"步骤提示"。单击 F5 单元格，在【数据】选项卡中单击【数据验证】下拉按钮，弹出【数据验证】对话框，选择【输入信息】选项卡，在【输入信息】文本框中输入【第一步：请输入学校通知的"奖励编码"。】，单击【确定】按钮。同上，选中C9:C20 单元格区域，设置【输入信息】为【第二步：请输入工号。】；选中 F9:F20 区域，设置【输入信息】为【第三步：请分配金额。】。

（2）定义第一步输入"项目编码"后找到"横向科研项目奖励表"中的相应数据，并填充在申请表中。

● 申请单位：选中 C2 单元格，输入公式【=IF(F5<>"",VLOOKUP(F5, 横向科研项目奖励表 !A:C,3),"")】。

● 申请日期：选中 F2 单元格，输入公式【=IF(F5<>"",TODAY(),"")】。

● 项目名称：选中 D3 单元格，输入公式【=IF(F5<>"",VLOOKUP(F5, 横向科研项目奖励

表 !A:B,2),"")】。

- 项目类型：选中 D4 单元格，输入公式【=IF(F5<>"",VLOOKUP(F5,横向科研项目奖励表 !A:E,5),"")】。

- 负责人姓名：选中 F4 单元格，输入公式【=IF(F5<>"",VLOOKUP(F5,横向科研项目奖励表 !A:F,6),"")】。

- 承担单位：选中 D5 单元格，输入公式【=IF(F5<>"",VLOOKUP(F5,横向科研项目奖励表 !A:D,4),"")】。

- 年留校经费：选中 D6 单元格，输入公式【=IF(F5<>"",VLOOKUP(F5,横向科研项目奖励表 !A:G,7),"")】。

- 高层次奖励归类：选中 F6 单元格，输入公式【=IF(F5<>"",VLOOKUP(F5,横向科研项目奖励表 !A:H,8),"")】。

- 经费来源：选中 D7 单元格，输入公式【=IF(F5<>"",VLOOKUP(F5,横向科研项目奖励表 !A:J,10),"")】。

- 高层次奖励金额：选中 F7 单元格，输入公式【=IF(F5<>"",VLOOKUP(F5,横向科研项目奖励表 !A:I,9),"")】。

（3）定义第二步输入"工号"后找到"员工基本信息表"中的相应数据并填充在申请表中。

- 姓名：选中 D9 单元格，输入公式【=IF(C9<>"",VLOOKUP(C9,员工基本信息表 !A:B,2),"")】。

- 所有单位：选中 E9 单元格，输入公式【=IF(C9<>"",VLOOKUP(C9,员工基本信息表 !A:C,3),"")】。

（4）定义第三步输入所有人员分配"金额"后初步判断分配是否符合规定，在【自动审核提示】区域显示信息。

- 待分配奖励总额：选中 I9 单元格，输入公式【=F7】。

- 已分配奖励金额：选中 I10 单元格，输入公式【=SUM(F9:F20)】。

- 还余：选 L10 单元格，输入公式【=IF(ISNUMBER(I9),I9-I10,"")】。

- 分配初步校验：选中 I11 单元格，输入公式【=IF(L10=0,"分配完成","")】。同时设置该单元格字体为 20 号、红色、加粗。在【开始】选项卡中选择【条件格式】下拉列表中的【突出显示单元格规则】选项，在扩展列表中选择【其他规则】选项，如下图所示。在打开的对话框中选择【使用公式确定要设置格式的单元格】选项，在公式中输入【=L10=0】，单击【格式】按钮，设置【填充】为【浅绿】，单击【确定】按钮。

将所有单元格进行设置后，在项目编码单元格中输入【HX2017091】，输入分配奖励人员的工号和金额，系统会自动初步审核，检查分配是否符合规定并给出"分配完成"的提示信息，如下图所示，然后就是打印申请表、领导审核签字了。

（5）保护用户不能编辑的区域。

● 选中 A1:M22 单元格区域，按【Ctrl+1】组合键，弹出【设置单元格格式】对话框，选择【保护】选项卡，取消选中【锁定】复选框，单击【确定】按钮。

● 选中 A1:M22 单元格区域中除绿色外的所有单元格，按【Ctrl+1】组合键，弹出【设置单元格格式】对话框，选择【保护】选项卡，选中【锁定】复选框，单击【确定】按钮。

● 选择【审阅】选项卡，单击【更改】组中的【保护工作表】按钮，在弹出的【保护工作表】对话框中选中【选定未锁定的单元格】复选框，输入两次保护密码，这里输入的密码是"123"，单击【确定】按钮。

通过上面三步设置保护了除绿色区域之外的其他单元格，使其只能阅读而不能进行其他任何操作。另外，也可以同时把"员工基本信息表"和"横向科研项目奖励表"保护起来，或者把这两张表隐藏起来，以免被用户修改，如下图所示。

 **高手自测** ◆── 本章主要介绍了如何整理规范的数据源表，在结束本章内容之前，不妨先测试下本章的学习效果，打开"素材\ch02\高手自测.xlsx"文件，在5个工作表中分别根据要求完成相应的操作，如果能顺利完成，则表明已经掌握了图表的制作，如果不能，就再认真学习下本章的内容，然后在学习后续章节吧。

高手点拨

（1）打开"素材 \ch02\ 高手自测 .xlsx"文档，为"高手自测 1"工作表输入正确的身份证号，如下右图所示。

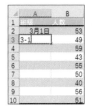

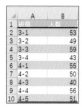

（2）打开"素材 \ch02\ 高手自测 .xlsx"文档，在"高手自测 2"工作表中输入"三一班"时，简写成"3-1"，按【Enter】键后，"3-1"马上变成了"3月1日"。请对"班级"列单元格设置正确的格式，效果如下右图所示。

（3）打开"素材 \ch02\ 高手自测 .xlsx"文档，在"高手自测 3"工作表中输入订单号，如"000231"时，按【Enter】键后，立即变成了"231"，"000"不见了！请将"订单号"列的单元格设置为文本格式，效果如下右图所示。

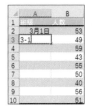

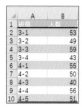

（4）打开"素材 \ch02\ 高手自测 .xlsx"文档，在"高手自测 4"工作表中，为"返利金额"数据加上货币符号"¥"，如下右图所示。

	A	B	C	D
1	月份	达成情况	返利比例	返利金额
2	1月	21142	0.04	845.68
3	2月	27294	0.05	1364.7
4	3月	14692	0.04	587.68
5	4月	28673	0.05	1433.65
6	5月	11010	0.04	440.4
7	6月	18380	0.04	735.2
8	7月	28110	0.05	1405.5
9	8月	16498	0.04	659.92
10	9月	16605	0.04	664.2
11	10月	21900	0.04	876
12	11月	26797	0.05	1339.85
13	12月	26455	0.05	1322.75

	A	B	C	D
1	月份	达成情况	返利比例	返利金额
2	1月	21142	0.04	¥845.68
3	2月	27294	0.05	¥1,364.70
4	3月	14692	0.04	¥587.68
5	4月	28673	0.05	¥1,433.65
6	5月	11010	0.04	¥440.40
7	6月	18380	0.04	¥735.20
8	7月	28110	0.05	¥1,405.50
9	8月	16498	0.04	¥659.92
10	9月	16605	0.04	¥664.20
11	10月	21900	0.04	¥876.00
12	11月	26797	0.05	¥1,339.85
13	12月	26455	0.05	¥1,322.75

（5）打开"素材 \ch02\ 高手自测 .xlsx"文档，在"高手自测 5"工作表中，在"本月达成"和"进度达成"列的数据后面加上百分号"％"，使其以百分比的形式显示，如下右图所示。

	A	B	C	D	E	F
1	区域	本月目标	进度目标	今日达成	本月达成	进度达成
2	湖北	548	498.18182	430	0.7846715	0.8631387
3	湖南	629	571.81818	596	0.9475358	1.0422893
4	四川	965	877.27273	785	0.8134715	0.8948187

	A	B	C	D	E	F
1	区域	本月目标	进度目标	今日达成	本月达成	进度达成
2	湖北	548	498.18182	430	78.47%	86.31%
3	湖南	629	571.81818	596	94.75%	104.23%
4	四川	965	877.27273	785	81.35%	89.48%

3

追本溯"源"：数据获取与整理之道

　　Excel 是分析和处理数据的工具，而数据的获取正是第一步！那么获取满意的数据就成了其中的关键！这一章主要介绍如何获取数据，以及如何整理数据。

教学视频

3.1 没有搞不定的数据

Excel 是最广泛的数据处理工具之一，数据处理包括数据输入、数据加工和数据输出 3 个密不可分的环节，如果日常数据输入环节的效率都很低，那么再强大的工具也没有用。

数据是多种多样的，有数值型数据，如销售量；有文本型数据，如产品名称；有日期和时间型数据，如业务产生的时间等，如下图所示。在 Excel 中输入数据时可能会遇到各种问题，如身份证号码显示不全、特殊字符的输入等，本节主要介绍如何快速准确地输入数据。

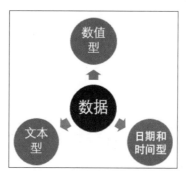

3.1.1 身份证号码显示不全

除常规数据外，还有一些比较特殊的数据，如身份证号码，大家在输入身份证号码时，是不是都会遇到下面的问题呢？

明明输入的是这样的：

> 411111201803032222

按【Enter】键后却是这样的：

> 4.11111E+17

在该数据上双击后，是这样的：

> 411111201803032000

怎么解决呢？其实很简单，在输入身份证号码之前，先输入一个英文单引号。

411111201803032222

然后按【Enter】键：

411111201803032222

这样就没问题了，只是单元格的左上角有点特别。这是因为 Excel 中默认数字显示 11 位，如果超过 11 位，就会显示为科学记数法，如"4.1E+17"，如果超过 15 位，15 位后的数字就会显示为 0，如"411111201903032000"。这就是上面例子出现"意外"的原因，而解决方法就是将数值型数据转换为字符型数据。例如，在输入数字前，先输入一个英文单引号，如"'411111201903032359"。并且，默认情况下，数字会右对齐，而字符会左对齐。

3.1.2　输入特殊字符

在单元格中输入键盘上没有的符号，如在 B5 单元格的文字前输入"§"小节符，具体操作步骤如下。

步骤 01 把光标定位在文字的最前面，选择【插入】选项卡，在功能区中选择【符号】组中的【符号】选项。

步骤 02 在弹出的【符号】对话框中选择【符号】选项卡，找到需要的小节符，如下图所示。单击【插入】按钮，即可把"§"插入编辑区光标所在位置。

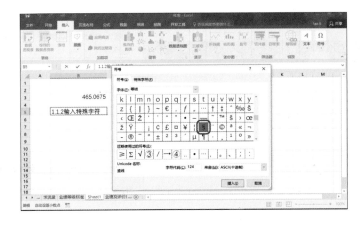

提示： 在插入特殊字符前记得先把光标定位在要插入的位置。

3.1.3 ▶ 输入多个 0 的方法

有时要输入的数据非常大，如"1200000"，后面有好多0，特别容易输错，这时用下面的方法，可以快速输入。

先数一下数据共有 5 个"0"，在单元格中输入【12**5】，按【Enter】键即可。最后的数字 5 就表示末尾有 5 个"0"，前面用两个"*"分隔。这时显示数据为"1.20E06"，这是因为Excel 对比较大的数自动按"科学记数法"的格式显示，可以通过将单元格的数据格式设置为【常规】，即可显示为"1200000"。

3.1.4 ▶ 只允许输入某范围内的数据

工作表中有些数据的取值范围非常明显，如"学生成绩表"中的成绩范围在 0~100 之间。可以利用"数据验证"功能保证输入的成绩都是有效的，关键是它可以在输入数据前进行有效提醒，而不是输入错误数据后再提醒，这样可以大大提高输入效率，具体操作步骤如下。

步骤 01 选中 C2:E6 单元格区域，选择【数据】选项卡，在【数据工具】组中单击【数据验证】下拉按钮，选择【数据验证】选项，如下左图所示。

步骤 02 弹出【数据验证】对话框，在【设置】选项卡中，设置【允许】为【小数】、【数据】为【介于】，在【最小值】参数框中输入【0】、【最大值】参数框中输入【100】，如下右图所示。

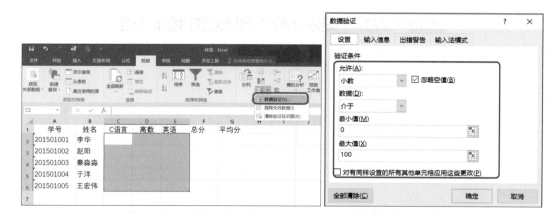

步骤 03 在【输入信息】选项卡中，在【标题】文本框中输入【数据范围】，【输入信息】文本框中输入【0~100

的实数】，如下左图所示。

步骤 **04** 在【出错警告】选项卡中，在【标题】文本框中输入【输入错误】，【错误信息】文本框中输入【数据范围为 0~100 的实数。】，单击【确定】按钮，如下右图所示。

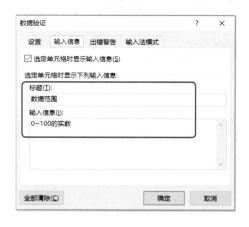

步骤 **05** 单击 C2:E6 单元格区域中的任一单元格，系统会显示设置的"输入信息"，提醒用户输入数据的范围。如果数据输入错误，系统自动显示设置的"出错警告"，提示需要重新输入正确数据。

提示： 如果"输入信息"提示框挡住了输入数据的单元格，可以把它拖动到不影响输入的区域。在【数据验证】对话框的【设置】选项卡中，【允许】下拉列表中还有一些常用数据有效性设置，如"整数""日期""文本长度""序列"等，甚至数据范围中可以用函数作为参数，该功能有非常实际的管理意义。

3.1.5 防止输入重复数据

在"学生成绩表"中，学号具有唯一性。此外，还有身份证号、物资编号、快递单号等都是没有重复数据的，同样可以通过设置"数据验证"防止输入重复数据，具体操作步骤如下。

步骤 **01** 选中 A2:A11 单元格区域，选择【数据】选项卡，在【数据工具】组中单击【数据验证】下拉按钮，选择【数据验证】选项。

步骤 **02** 在【设置】选项卡中，设置【允许】为【自定义】，在【公式】参数框中输入【=countif(A:A,A2)=1】，即在 A 列中 A2 单元格的值只能有一个，A 列后省略了行号，如下图所示。

步骤 **03** 在【出错警告】选项卡中，在【标题】文本框中输入【输入错误】，【错误信息】文本框中输入【学号不能重复！】，单击【确定】按钮。

步骤 04 单击 A7 单元格，如果输入的数据与之前的数据重复，系统自动显示设置的"出错警告"，提示需要重新输入正确数据。

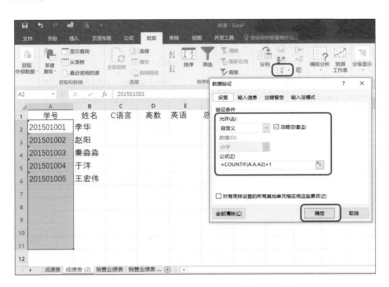

提示： countif 函数中的数据范围 "A：A" 表示 "A 列中的所有数据"。

由于 Excel 的运算精度是 15 位，而身份证号码是 18 位文本型数据，countif 函数会将身份证号码第 16 位后的不同数字误作为相同的数字进行判断，从而造成数据验证设置错误。这时需要用到 sumproduct 函数，公式为"=sumproduct (N(A:A=A2))=1"。

3.1.6 防止分数变成日期

在单元格中输入分数"1/5"，按【Enter】键后变成了日期"1月5日"！这与系统的默认设置有关，输入数据前要把单元格格式设置为"分数"。将单元格格式设置为分数的方法有以下 4 种。

（1）选择单元格区域，按【Ctrl+1】组合键，弹出【设置单元格格式】对话框，在【数字】选项卡的【分类】列表框中选择【分数】选项，在【类型】列表框中选择其中一种格式，单击【确定】按钮，如下图所示。

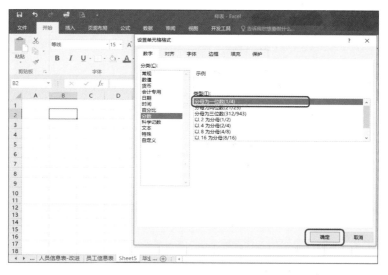

（2）　在输入的分数前加"ˈ"（半角的单引号）。

（3）　在输入的分数前加"0 "（数字 0 和一个空格）。

（4）　把单元格格式设置为"文本"格式。

提示： 这种情况不能输入数据后再设置成"分数"格式。

教学视频

3.2 数据搜集也是个"技术活"

学会利用一切可利用的资源是走向成功的秘诀之一。万千事物之间总存在着或多或少的联系，充分发挥主观能动性，找到事物之间的联系，并通过这些联系利用周围一切可利用的资源，从而在最短的时间内达到想要的结果，这就是数据搜集。

1　将网页数据导入 Excel

如果想使用一个网站上的表格，可是又不想自己制作，那怎么办呢？能不能直接把网站上的表格导入 Excel 中呢？例如，把下图所示的网页中的表格导入 Excel 中，具体操作步骤如下。

步骤 01 单击【数据】选项卡【获取外部数据】组中的【自网站】按钮，如下左图所示。

步骤 02 在弹出对话框的【URL】栏中输入对应的网址，然后单击【确定】按钮，如下右图所示。

步骤 03 在弹出的对话框中选中对应的表格，然后单击【加载】按钮，如下左图所示，即可把网页中的表格导入 Excel 中，如下右图所示。

2 将文本文件的数据导入 Excel

在 Excel 中，通过"获取外部数据"功能可以将 .txt 文档中的内容直接导入 Excel，如下图所示，具体操作步骤如下。

步骤 01 单击【数据】选项卡【获取外部数据】组中的【自文本】按钮，如右图所示。

步骤 02 在弹出的【导入文本文件】对话框中，选中要导入的文本文件，单击【导入】按钮，如右图所示。

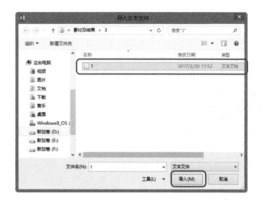

步骤 03 根据提示，设置文本导入向导，如下图所示。

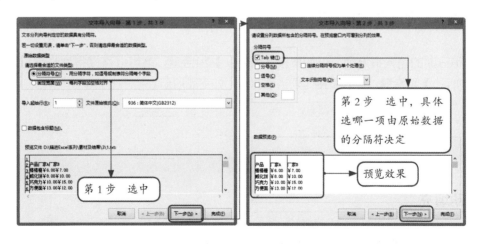

步骤 04 设置数据放入位置，单击【确定】按钮，即可完成文本数据的导入，如下图所示。

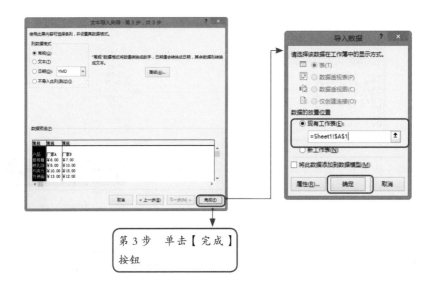

第3步　单击【完成】
按钮

3.3　以一当十的数据输入

教学视频

　　数据输入工作是 Excel 中最基础的操作，那么如何既快又准地完成数据的输入呢？下面介绍几种高效输入数据的方法。

1　快速输入当前时间和日期

　　时间和日期的输入很麻烦，但如果按【Ctrl+；】组合键，就可以直接得到当前日期。而按【Ctrl+Shift+；】组合键，可以直接得到当前时间，如下图所示。

▲	A	B	C	D	E
1					
2	2018/1/17		10:41		
3					
4					

2　自动填充

　　从下左图到下右图的自动填充，只需拖动鼠标就能完成。

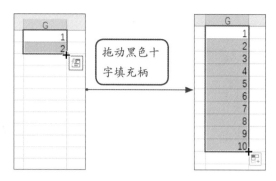

使用自定义序列也可以实现，如下图所示。

关键是它还可以自定义，具体操作步骤如下。

步骤 **01** 选择【文件】→【选项】选项，在弹出的【Excel 选项】对话框中，选择【高级】选项，在【常规】选项区域单击【编辑自定义列表】按钮，如右图所示。

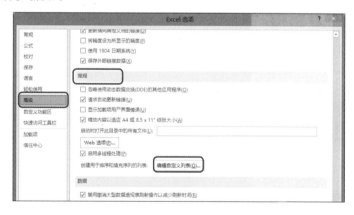

步骤 **02** 弹出【自定义序列】对话框，在【输入序列】文本框中依次输入 "苹果" "桃" "西瓜" "香蕉" "梨" "土豆"，然后单击【添加】按钮。在左侧的【自定义序列】列表框中就会出现刚才添加的序列。然后，单击【确定】按钮，如下左图所示。

步骤 **03** 返回【Excel 选项】对话框，单击【确定】按钮，如下右图所示。

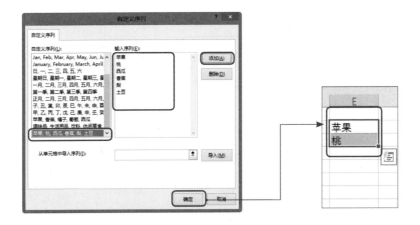

3 内置序列填充

当需要输入大量的有规律的数据时，可以使用 Excel 的序列填充功能快速输入数据，如快速输入连续的有规律的日期、有规律的数字及甲乙丙丁等有顺序的文本。

如下图所示，第一列直接拖动填充柄即可。第二列和第三列呢？具体操作步骤如下。

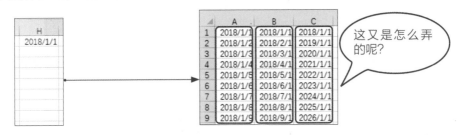

步骤 01 选中 "2018/1/1" 所在列需要填充的单元格，如下左图所示。

步骤 02 单击【开始】选项卡【编辑】组中的【填充】下拉按钮，在弹出的下拉菜单中选择【序列】命令，如下中图所示。

步骤 03 在弹出的【序列】对话框中，在【序列产生在】选项区域选中【列】单选按钮，在【类型】选项区域选中【日期】单选按钮，在【日期单位】选项区域选中【日】单选按钮，将【步长值】设置为【1】，然后单击【确定】按钮，即可得到第二列和第三列的效果，如下右图所示。

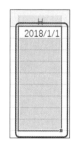  

当然，还有更简单的办法，如下图所示。

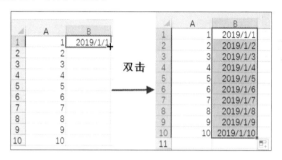

也可以在填充选项中，选中【以月填充】或【以年填充】单选按钮，如下图所示。

 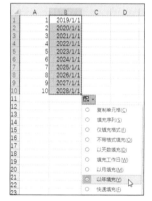

4 快速输入大量小数

输入大量带有小数位的数字，特别是小数位数固定时，如465.0675这个数字，要怎样输入呢？如果原样输入表格中，小数点点错了位置还要重新修改；如果当前是汉字输入状态可能小数点还会输入为"。"。Excel有小数点自动定位功能，可以让所有数值的小数点自动定位，这样就可以只输入数字部分而不用输入小数点了，具体操作步骤如下。

步骤 01 在工作表中，选择【文件】选项卡，弹出如下图所示的窗口。

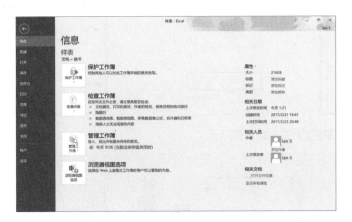

步骤 02 在界面左侧选择【选项】命令，在弹出的【Excel 选项】对话框左侧选择【高级】选项，在界面右侧设置区域选中【编辑选项】栏中的【自动插入小数点】复选框，并将【位数】设置为【4】，单击【确定】按钮，如下左图所示。

步骤 03 在单元格中输入【4650675】，系统会自动根据刚才设置的小数位数自动插入小数点，如下右图所示。

提示： 如果需要输入另一批小数位数不同的数字，需要重新设置小数位数。

3.4 能批量处理绝不一个个来

教学视频

Excel 中，批量处理相关技巧的实用性是不言而喻的，掌握一些批量处理的技巧可以显著提高工作效率，节省工作时间。在避免单调重复的手动操作的同时，也大大减少了因为粗心而引起的错误，可以说是一举多得！

1 批量输入相同内容

如果需要输入的内容相同，那就非常简单了。首先选中需要输入内容的单元格，然后输入内容，如"涨工资"，最后按【Ctrl+Enter】组合键即可，如下图所示。

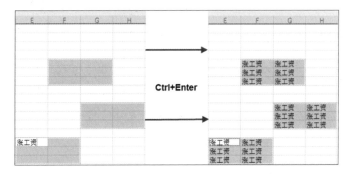

2 批量填充空值

从下图中可以看出，"刘华"和"皮思凡"都是"销售部"的，"刘珂珂""代银霞"和"孙玉洁"都是"客服部"的，这时为了操作简单，如果不想一个个地输入部门信息，就可以采用批量填充空值的方式，具体操作步骤如下。

⊿	A	B	C
1	部门	姓名	奖金
2	销售部	刘华	2000
3		皮思凡	3000
4	客服部	刘珂珂	5000
5		代银霞	4000
6		孙玉洁	4500
7	行政部	熊丽	5000
8		武永闯	6000

批量填充空值 →

⊿	A	B	C
1	部门	姓名	奖金
2	销售部	刘华	2000
3	销售部	皮思凡	3000
4	客服部	刘珂珂	5000
5	客服部	代银霞	4000
6	客服部	孙玉洁	4500
7	行政部	熊丽	5000
8	行政部	武永闯	6000

步骤 **01** 首先，选中需要填充的 A2:A8 单元格区域，如右图所示。

步骤 **02** 按【F5】键，弹出【定位】对话框，单击【定位条件】按钮，如下左图所示。

步骤 **03** 弹出【定位条件】对话框，选中【空值】单选按钮，单击【确定】按钮，如下右图所示。

步骤 **04** 在 A3 单元格中输入【=A2】，表示 A3 单元格需要引用 A2 单元格的内容，如下左图所示。

步骤 **05** 按【Ctrl+Enter】组合键，就可以批量填充了，如下右图所示。

③ 批量为城市添加省份

在下图中列举了河南的几个城市，如果担心他人不知道这些城市属于哪个省，就需要在前面都加上"河南"两个字，具体操作步骤如下。

步骤 **01** 首先，选中需要添加省份的单元格，这里选择 A2:A5 单元格区域，如右图所示。

步骤 **02** 在选中的单元格区域上右击，在弹出的快捷菜单中，选择【设置单元格格式】选项，如下左图所示。

步骤 **03** 在弹出的【设置单元格格式】对话框中，选择【数字】选项卡，在【分类】列表框中选择【自定义】选项，在【类型】文本框中输入【河南@】，然后单击【确定】按钮，如下右图所示。

步骤 **04** 此时，每个城市前面都添加了"河南"两个字，如右图所示。

④ 批量将工资上调10%

涨工资是大家都期望的，如果领导在涨工资后让你制作一个工资表，是重新制作一个，还是直接在原工资表上批量修改呢？肯定是要批量修改的，如下图所示，具体操作步骤如下。（素材 \ch03\3.4-4.xlsx）

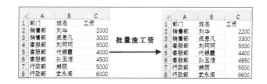

步骤 **01** 首先，在 A11 单元格中输入涨幅，如果需要涨工资 10%，那就在 A11 单元格中输入【1.1】，然后复制 A11 单元格，然后选中需要涨工资的区域，这里选择 C2:C8 单元格区域，如右图所示。

步骤 **02** 在选中的单元格区域上右击，在弹出的快捷菜单中选择【选择性粘贴】命令，如下左图所示。

步骤 **03** 在弹出的【选择性粘贴】对话框中选中【乘】单选按钮，然后单击【确定】按钮，如下右图所示。

步骤 **04** 即可实现批量涨工资 10%，如右图所示。

教学视频

通过前面的学习，相信大家已经感受到，要在 Excel 表格中进行计算、统计和分析数据，并没有多大难度，如果再配上数据透视表，就能纵横于表格之间了。

然而，事实并不完全是这样的。当面对糟糕的数据源和不规范的表格结构时，可能就寸步难行了！下面看如下图所示的例子。（素材 \ch03\3.5-1.xlsx）

将其按"智力值"排序，如下图所示。（素材 \ch03\3.5-2.xlsx）

	A	B	C	D
1	姓名	智力值	武力值	魅力值
2	诸葛亮	100	85	99
3	关羽	95	99	100
4	貂蝉	95	10	100
5	张飞	90	98	95
6	吕布	80	100	90

此时，排序只需一键即可完成！

然而，看到的数据却是下图所示这样的。（素材 \ch03\3.5-3.xlsx）

	A	B	C
1	姓名,智力值,武力值,魅力值		
2	诸葛亮,100,85,99		
3	关羽,95,99,100		
4	貂蝉,95,10,100		
5	张飞,90,98,95		
6	吕布,80,100,90		

这就尴尬了！如果不知道如何把数据拆分开，那就只能手工处理了。

其实，除此之外，可能还经常遇到以下的问题。

• 多列信息混在一起。

• 日期不正常了。

• 数字前面有小绿帽。

• 错字一大堆。

• 多余空格到处都是。

• 重复记录一条条。

• 要排序，系统却不同意。

这时，可能 80% 的时间都花在了各种"奇葩"数据及不按套路出牌的表格上了，最终结果就是——我！又！要！加！班！

所以，为了提升表格使用的畅快感、处理琐碎工作的幸福感，掌握一套常用的数据整理方法，是非常有必要的！

3.6 整理不规范的数据

教学视频

在制作源数据表时，不同的人可能有不同的制表习惯，有时甚至为了图一时的方便，制作出"漏洞百出"的表格，为后续工作埋下隐患。因此，要严格按照 Excel 规范来操作，养成良好的制表习惯，避免因错误习惯带来不必要的麻烦。

1 按分隔符拆分数据

在 Excel 中拆分下图所示的数据时，可以按照源数据间固有的分隔符来拆分，具体操作步骤如下。（素材 \ch03\3.6-1-1.xlsx）

步骤 **01** 选中第一列数据，单击【数据】选项卡【数据工具】组中的【分列】按钮，如下图所示。

步骤 **02** 在弹出的【文本分列向导】对话框中，选中【原始数据类型】选项区域的【分隔符号】单选按钮，单击【下一步】按钮，如下左图所示。

步骤 **03** 在【分隔符号】选项区域中，选中【逗号】复选框，单击【下一步】按钮，如下右图所示。

提示： 在【文本分列向导-第2步，共3步】对话框中，分隔符号是由源数据的分隔符决定的。

步骤 **04** 在【列数据格式】选项区域中，选中【常规】单选按钮，单击【完成】按钮，如下左图所示。

步骤 **05** 得到如下右图所示的结果。

这种分列的关键在于确定好分隔符。不同的数据可能需要不同的分隔符，如下图所示的例子。
（素材 \ch03\3.6-1-2.xlsx）

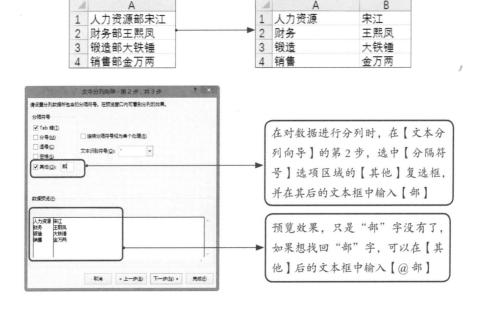

② 按固定宽度拆分

有时源数据根本没有统一的标记，无法使用分隔符进行拆分，这时就可以考虑另一种方法，即按固定列宽进行拆分，如下图所示的例子。（素材 \ch03\3.6-2.xlsx）

具体操作步骤如下。

步骤 01 在进行数据分列时，在【文本分列向导】的第1步，在【原始数据类型】选项区域中，选中【固定宽度】单选按钮，如下左图所示。

步骤 02 在第2步时，设定分割线。在【数据预览】选项区域的刻度尺上单击即可，如果发现位置不对，可以拖动分隔线，单击【下一步】按钮，如下右图所示。

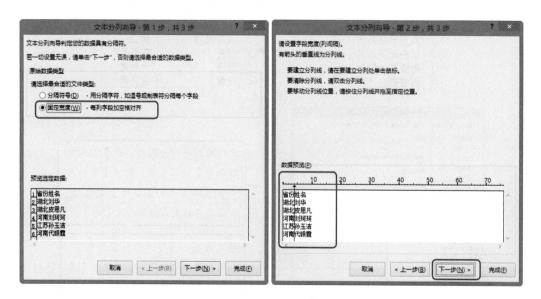

步骤 **03** 进入第 3 步，在【数据预览】选项区域中可以预
览分列效果，如右图所示。

③ 数据分列并导出到指定位置

无论是按宽度拆分，还是按分隔符拆分，在执行分列前都必须选中一列数据作为拆分对象，
然而，执行拆分操作后，拆分对象会默认保留第一列数据在原位，新生成的数据则会覆盖旁边的列，
如下图所示。

那么，如何解决这个问题呢？这里介绍两种方法。（素材 \ch03\3.6-3.xlsx）
（1）预先判断会新增多少列，提前插入空列，再执行拆分操作，具体操作步骤如下。

步骤 **01** 新增一列，如下左图所示。

步骤 **02** 接着执行分列操作。

步骤 **03** 完成分列，且数据占用的是第二列，不会覆盖"性别"列，如下右图所示。

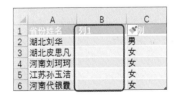

（2）将分列结果输出到其他位置，具体操作步骤如下。

步骤 **01** 选中 A1:A6 单元格区域，执行分列操作，在【文本分列向导－第1步，共3步】对话框中设置【目标区域】，指定数据存放位置，这里选择 C1 单元格，如下左图所示。

步骤 **02** 完成分列操作后的效果如下右图所示。

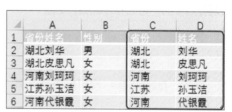

4 从数据中提取中间部分内容

学会了分列，就可以用分列来提取下图所示的长字符串中的部分字符了。（素材 \ch03\3.6-4.xlsx）

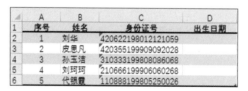

步骤 **01** 选中 C2:C6 单元格区域，执行分列操作，在【文本分列向导－第1步，共3步】对话框中设置【日期】格式，并设置【目标区域】为 D2 单元格。在【数据预览】选项区域中，单击忽略列，这里只选择输出中间那一列，如下左图所示。

步骤 **02** 分列操作完成后，即可显示提取的"出生日期"数据，效果如下右图所示。

▲	A	B	C	D
1	序号	姓名	身份证号	出生日期
2	1	刘华	420622198012121059	1980/12/12
3	2	皮思凡	420355199909092028	1999/9/9
4	3	孙玉洁	310333199808086068	1998/8/8
5	4	刘珂珂	210666199906060268	1999/6/6
6	5	代银霞	110888199805250026	1998/5/25

⑤ 利用分列进行格式转换

使用 Excel 的【分列】功能，可以快速进行数据格式的转换，如统一日期格式、字符变数值等，还可以将公式直接变成结果。（素材 \ch03\3.6-5.xlsx）

（1）统一"乱七八糟"的日期格式，如下图所示。

在【文本分列向导】的第 3 步中设置日期格式，如下图所示。

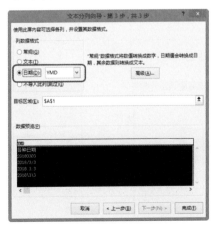

（2）字符变数值，如下图所示。

在【文本分列向导】的第 3 步中选中【常规】单选按钮，如下图所示。

（3）"假公式"变结果，如下图所示，具体操作步骤如下。

步骤 **01** 首先选中"实发工资"列的数据，执行分列操作，在弹出的对话框中直接单击【下一步】按钮，如下左图所示。

步骤 **02** 单击【下一步】按钮，如下右图所示。

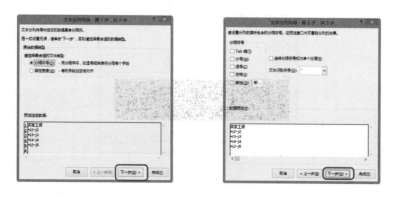

步骤 03 单击【完成】按钮，即可将"假公式"变为结果，如右图所示。

6 利用查找与替换批量修改错误文本

如果发现数据中有大量相同的错误，就可以使用替换功能进行批量修改。如下图所示的例子中，"已"字应该是"以"字，具体操作步骤如下。（素材 \ch03\3.6-6.xlsx）

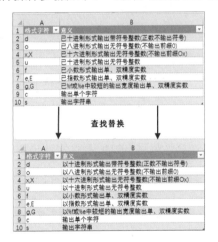

步骤 01 单击【开始】选项卡【编辑】组中的【查找和选择】按钮，在弹出的快捷菜单中选择【替换】命令，如下左图所示。

步骤 02 弹出【查找和替换】对话框，在【查找内容】文本框中输入【已】，在【替换为】文本框中输入【以】，然后单击【全部替换】按钮，如下右图所示。

步骤 **03** 系统会提示完成了多少处的替换，此时，所有的"已"字全部被替换为"以"字，完成了批量修改相同的错误，如右图所示。

7 选择性粘贴

平时很多人都使用【Ctrl+C】和【Ctrl+V】组合键进行复制／粘贴，虽然比较快，但经常遇到很多问题。例如，下图中的例子就自带了底纹。

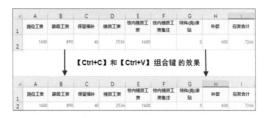

如果不想要底纹，可以选择【选择性粘贴】选项，具体操作步骤如下。（素材\ch03\3.6-7- 1.xlsx）

步骤 **01** 在需要粘贴的位置右击，在弹出的快捷菜单中单击【粘贴选项】选项组中的【值】按钮，如下左图所示。

步骤 **02** 得到如下右图所示的纯文本效果，然后就可以根据自己的需要来修改格式了。

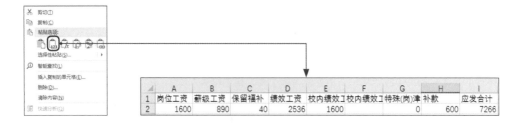

当然，选择性粘贴还可以转换表格的行列关系。对于下图中的表格，首先要进行复制，具体操作步骤如下。（素材 \ch03\3.6-7-2.xlsx）

步骤 01 在目标位置右击，在弹出的快捷菜单中单击【粘贴选项】选项组中的【转置】按钮，如下左图所示。

步骤 02 得到转置后的表格，如下右图所示。

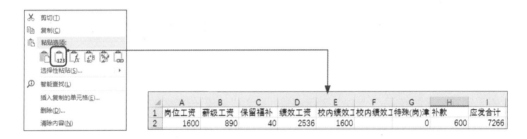

 **高手自测** 本章主要介绍了数据的获取与整理，在结束本章内容之前，不妨先测试一下本章的学习效果，打开"素材\ch03\高手自测.xlsx"文档，在4个工作表中分别根据要求完成相应的操作，如果能顺利完成，就表明已经掌握了本章知识，否则就要重新认真学习本章的内容后再学习后续章节。

高手点拨

（1）打开"素材 \ch03\ 高手自测 .xlsx"文档，在"高手自测 1"工作表中，将"开会时间"列的数据格式由 24 小时制改成上午-下午模式，如下图所示。

	A	B	C	D
1	日期	开会时间	会议主题	参会人员
2	2015/2/3	9:00:00	2015年销售目标与计划	总监以上级别
3	2015/2/3	11:00:00	各区销售目标分解与计划	各区销售总监及经理
4	2015/2/3	14:00:00	1+1项目启动会	主管及以上级别
5	2015/2/3	16:30:00	公司新品介绍	主管及以上级别
6	2015/2/3	18:00:00	会议结束	主管及以上级别

	A	B	C	D
1	日期	开会时间	会议主题	参会人员
2	2015/2/3	上午9时00分	2015年销售目标与计划	总监以上级别
3	2015/2/3	上午11时00分	各区销售目标分解与计划	各区销售总监及经理
4	2015/2/3	下午2时00分	1+1项目启动会	主管及以上级别
5	2015/2/3	下午4时30分	公司新品介绍	主管及以上级别
6	2015/2/3	下午6时00分	会议结束	主管及以上级别

（2）打开"素材 \ch03\ 高手自测 .xlsx"文档，在"高手自测 2"工作表中，为"数量"列的数据添加单位，如下图所示。

▲	A	B	C	D
1	货品	数量	单价	金额
2	0000428	15	170	2550
3	0000693	49	143	7007
4	0000345	36	127	4572
5	0000217	26	146	3796
6	0000565	17	101	1717

▲	A	B	C	D
1	货品	数量	单价	金额
2	0000428	15箱	170	2550
3	0000693	16箱	143	7007
4	0000345	17箱	127	4572
5	0000217	18箱	146	3796
6	0000565	19箱	101	1717

（3）打开"素材 \ch03\ 高手自测 .xlsx"文档，在"高手自测 3"工作表中，将混乱的数据变成表格，如下图所示。

▲	A	B
1	月份 投诉单数 解决情况	
2	2014/1/1 24 14	
3	2014/2/1 30 35	
4	2014/3/1 18 12	
5	2014/4/1 19 22	

▲	A	B	C
1	月份	投诉单数	解决情况
2	2014/1/1	24	14
3	2014/2/1	30	35
4	2014/3/1	18	12
5	2014/4/1	19	22

（4）打开"素材 \ch03\ 高手自测 .xlsx"文档，在"高手自测 4"工作表中，从"学号"列数据信息中提取学生的年级。例如，学号"17050223"中的"17"表示 2017 年入学，也就是 17 级；"05"表示所在院系的编号；"02"表示班号；"23"表示班级中的编号，如下图所示。

▲	A	B	C
1	学号	姓名	年级
2	17050223	刘大	
3	16060315	田二	
4	14120522	皮三	

▲	A	B	C
1	学号	姓名	年级
2	17050223	刘大	17级
3	16060315	田二	16级
4	14120522	皮三	14级

第 4 章

高手素养：让工作彻底零失误

很多工作，尤其是财务、银行类的工作，是不允许有丝毫差错的！那么，如何才能避免出错呢？本章将讲解避免出错的三大法则。

4.1 整理数据源

身处大数据时代，每天都要接收来自外界的大量数据。可是，面对浩瀚的数据海洋，如何才能从中提炼出有价值的信息呢？

其实，任何一个数据分析人员在做这方面的工作时，都是先获得原始数据，然后对数据进行整合、处理，再根据实际需要，将数据进行展现。只有这样，才能在大量的数据中提取有价值的核心数据，为企业创造更多的价值。

同样，在制作 Excel 图表的过程中，也是首先获得原始数据表，这里的数据很多、很复杂，然后根据需要对数据进行整合，如排序、筛选、汇总等，为数据的进一步处理做好准备。

4.1.1 3 张表

Excel 是一款电子表格处理软件，其功能主要有 3 类：计算、管理和分析。虽然在 Excel 中有大量的表格及报表，但实际上只表现为 3 张表——参数表、基础表和呈现表。

1 参数表

参数表类似于企业管理系统中的配置参数，其中的数据供基础表和汇总表进行调用，属于原始数据。参数表通常用于表示数据之间的匹配关系，或者用于表示事物或事件的属性等不会经常变更的数据，如销售员表、部门表等，如下图所示。

在制作参数表时，只要保证配置参数全面、准确，按其属性进行竖向展示即可。

2 基础表

基础表主要用于输入数据明细，从本质上讲，在系统中输入的数据和在 Excel 中输入的数据是一样的，只不过在系统中表现为输入栏，在 Excel 中表现为单元格。

下图所示的例子是一个基础表，有一条数据就记录一条数据，详细记录了销售数据，如时间、每个部门的详细数据等。（素材 \ch04\4.1.2-7.xlsx）

	A	B	C	D
1	姓名	一月	二月	三月
2	刘大	12	10	8
3	皮二	10	8	11
4	张三	15	10	6
5	李四	6.8	8	10
6	王五	5	2	6
7	孙六	10	8	11
8	赵七	6	5	8
9	陈八	12	10	9
10	钱九	7	8	12
11	秦十	8	12	9
12	肖十一	14	10	8
13	伍十二	10	8	5

做好基础表，既不用记忆大量的功能按钮和菜单命令，又不用学习多样的公式和函数，还不用纠结于复杂的 VBA 编程。基础表相当于企业管理系统中的数据流水账，可通过字段的保护和识别来确保输入的一致性和合法性。

只有打好基础，才能万丈高楼平地起。Excel 中一切与数据输入相关的工作都可以在基础表中进行，因此日常工作的最主要环节就是做好基础表。

3 呈现表

呈现表是经过汇总和分析数据后的表，也是最终要交给领导的表。也就是说，不管明细数据做得如何细致，都要把它变成汇总结果，体现数据背后的含义和价值。呈现表可以自动获得，也可以通过函数或"变"表工具来实现，如数据透视表。

在上面的例子中，通过插入数据透视表，可以轻松地分析出每个销售员的月销售状况，如下图所示。

行标签 ▼	求和项:一月
陈八	12
李四	6.8
刘大	12
皮二	10
钱九	7
秦十	8
孙六	10
王五	5
伍十二	10
肖十一	14
张三	15
赵七	6
总计	115.8

也可以轻松地分析出某个销售员第一季度的销售状况，如下图所示。

行标签 ▼	求和项:一月	求和项:二月	求和项:三月
刘大	12	10	8
总计	**12**	**10**	**8**

呈现表就是企业管理系统中自动获得的报表，可以通过数据透视表来获得。得到单个数据没有什么意义，只有将大量的数据分门别类地汇总到一起才能更好地体现它们的价值。

使用Excel的最终目的是得到各种各样用于管理和决策的分类汇总表，这些表无须手工输入，可以像"变魔术"一样把它们变出来，如下图所示。

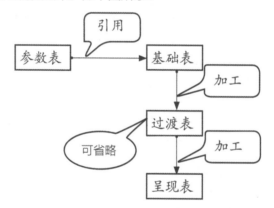

一般情况下，参数表和基础表中都是原始数据，是不可修改的，而呈现表是经过加工处理后得到的表格，能够根据用户的特殊需要显示部分数据，不同的加工得到的呈现表也不同。

在现实中，这3个表之间没有特殊的界限，或者说，一个表在一个条件下是呈现表，而在另一个条件下可能又是基础表。例如，公司的每个员工将自己一年的业绩做成一个记录表，并将该表交给了组长，如下图所示。

月份	业绩（万元）		月份	业绩（万元）		月份	业绩（万元）
1	52		1	56		1	42
2	36		2	42		2	40
3	38		3	43		3	42
4	42		4	42		4	45
5	50		5	51		5	65
6	46		6	50		6	52
7	72		7	68		7	68
8	68		8	65		8	70
9	65		9	60		9	85
10	85		10	75		10	80
11	53		11	53		11	46
12	46		12	47		12	52
刘大2019业绩			孙玉洁2019业绩			皮思凡2019业绩	

那么，上图中的表就是最初的基础表，组长将本组人员的业绩进行合并计算，得到整组的业绩表呈现给经理，这时的表对组长而言，就是呈现表，如下左图所示。

但对于经理而言，他管理3个组，每个组都有一张类似的表，如下图所示。

月份	业绩（万元）		月份	业绩（万元）		月份	业绩（万元）
1	150		1	162		1	146
2	118		2	125		2	123
3	123		3	113		3	120
4	129		4	120		4	132
5	166		5	175		5	180
6	148		6	152		6	165
7	208		7	200		7	220
8	203		8	203		8	213
9	210		9	198		9	225
10	240		10	220		10	260
11	152		11	146		11	162
12	145		12	152		12	153
一组2019业绩			二组2019业绩表			三组2019业绩	

这时经理需要将这3张表整理后呈交给领导，而这3张组长的呈现表，就成为经理的基础表。经理通过合并计算，得到自己部门的销售业绩，并交给领导，如下图所示。

月份	业绩（万元）
1	458
2	366
3	356
4	381
5	521
6	465
7	628
8	619
9	633
10	720
11	460
12	450
一公司2019业绩	

4 表格的潜规则

在 Excel 中有很多隐含的规则，但很多人可能根本就没有注意这些规则，或者根本不知道这些规则，从而让一些非常简单的事情变得很烦琐。

那么，在 Excel 中，到底有哪些规则呢？主要表现在以下几方面。

（1）一维数据表。

（2）一个标题行。

（3）字段分类清晰。

（4）数据属性完整。

（5）数据连续。

（6）无合并单元格。

（7）无分隔行 / 列。

（8）无合计行。

（9）数据区域无空白单元格。

（10）单元格内容禁用短语或句子。

4.1.2 数据的提炼

整理完 Excel 的 3 张表之后，接下来就是数据的提炼，根据实际需要提炼表格中的数据，并以图表的形式展现出来，从而进行数据的分析。

1 排序后做图

下图所示为一张原始数据表，从中可以看出公司各部门的财务状况。（素材 \ch04\4.1.2-1.xlsx）

	A	B	C	D
1	部门	收入(万)	支出(万)	利润(万)
2	开发部	87	136	-49
3	销售部	154	63	91
4	财务部	92	166	-74
5	人事部	85	85	0
6	电商部	263	115	148
7	运营部	152	156	-4

如果此时制作图表分析财务状况，就会出现下图所示的情况。

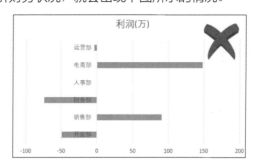

此时，虽然也能获得一些信息，但是比较吃力，领导肯定希望能清晰地看出哪个部门效益最好，哪个部门效益最差。因此，将原始数据表按"利润"进行从高到低排序，如下图所示。

部门	收入(万)	支出(万)	利润(万)
电商部	263	115	148
销售部	154	63	91
人事部	85	85	0
运营部	152	156	-4
开发部	87	136	-49
财务部	92	166	-74

然后再制作图表，就可以很清晰地看出哪个部门盈利最多，哪个部门亏损最严重了，如下图所示。

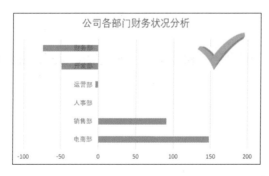

从市场上获得的数据一般都是杂乱无序的，通过排序后，可以很清晰地形成对比，尤其方便找到最值，从而忽略一些意义不大的数据。

2 筛选后做图

当遇到大量数据时，如下图所示，如果直接制作图表，会大大降低图表的可读性。

	A	B	C	D	E
1	项目	总套数	1月	2月	3月
2	万科金色梦想	355	100	105	150
3	保利大都会	475	150	145	180
4	碧桂园凤凰城	414	130	132	152
5	越秀天静湾	780	260	170	350
6	绿地城	610	180	260	170
7	富力公主湾	289	89	120	80
8	万科山景城	285	80	110	95
9	华润万绿湖	890	270	300	320
10	假日半岛	410	120	150	140
11	万达文化城	500	180	80	240

如果直接制作图表，得到如下图所示的结果。

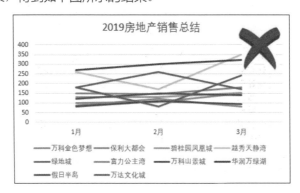

此时，图表确实能说明问题，但信息量太大，看着比较累。如果将原始数据进行筛选，只看某个公司的销售状况，就可以很清晰地看出每个楼盘的销售状况，如下图所示。

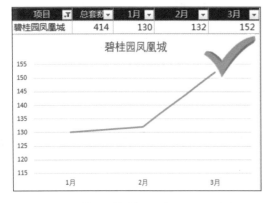
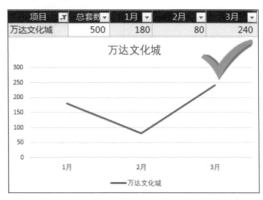

筛选后的数据既简单又精练，不仅制作的图表干净利索，还能直接得到领导想要的效果。

3 分类汇总后制作图表

有时可能不注重过程，只注重结果，那么，分类汇总就很有必要了。

下图所示为一组已经按店名排序的原始数据。（素材 \ch04\4.1.2-3.xlsx）

店名	类别	第一季度	第二季度
郑东新区店	食品	550	450
郑东新区店	烟酒	280	220
郑东新区店	服饰	460	350
金水店	食品	680	560
金水店	烟酒	450	440
金水店	服饰	640	760

如果直接制作图表，会显示每个店每类产品两个季度的营业额对比，如下图所示。

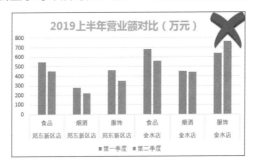

数据量有点大，并且领导可能不关心每类产品的状况，而是想知道这两个季度的总体情况。将数据进行分类汇总，得到如下图所示的数据表。

1 2 3		A	B	C	D
	1	店名	类别	第一季度	第二季度
	2	郑东新区店	食品	550	450
	3	郑东新区店	烟酒	280	220
	4	郑东新区店	服饰	460	350
	5	郑东新区店 汇总		1290	1020
	6	金水店	食品	680	560
	7	金水店	烟酒	450	440
	8	金水店	服饰	640	760
	9	金水店 汇总		1770	1760
	10	总计		3060	2780

只显示汇总数据，如下图所示。

		A	B	C	D
	1	店名	类别	第一季度	第二季度
+	5	郑东新区店 汇总		1290	1020
+	9	金水店 汇总		1770	1760
-	10	总计		3060	2780

然后对汇总数据制作图表，如下图所示。

此时就可以明显地看出两个店两个季度的营业额对比状况了。

在制作图表前，利用分类汇总功能会非常方便、快捷地达到很好的效果。因此，分类汇总功能不仅在统计数据时可以快速地分析数据，在制作图表时也有不可取代的作用。

4 使用辅助列

有时辅助列的使用可以让制作出来的图表变得更漂亮、更有个性。

例如，在下面的例子中，如果直接制作图表会得到如下右图所示的简单图表。（素材 \ch04\4.1.2-5.xlsx）

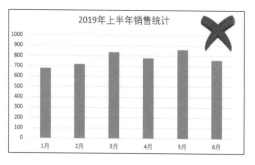

	A	B
1	月份	销量
2	1月	680
3	2月	720
4	3月	840
5	4月	780
6	5月	860
7	6月	760

简单图表虽然也能说明问题，但是不能引起人的注意。如果适当修改基础表，添加两个辅助列，再通过一些加工，就可以制作出如下右图所示的图表。（素材 \ch04\4.1.2-6.xlsx）

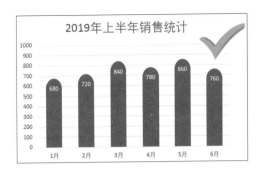

▲	A	B	C	D
1	月份	销量	辅助列1	辅助列2
2	1月	680	480	200
3	2月	720	520	200
4	3月	840	640	200
5	4月	780	580	200
6	5月	860	660	200
7	6月	760	560	200

4.2 彻底避免出错的不二心法

教学视频

要避免计算错误，首先要注意只做简单的计算。也就是说，要尽量简化计算，因为计算越复杂越容易出错，最好能简单到任何人都能看懂！

1 算式中不要手动输入数字

如果计算公式中含有手动输入的数字，就会导致他人看不出数据的来源，也很难理解公式，同时，手动输入数字也增加了出现错误的概率。

例如，下图的例子，由于这个月公司业绩不错，领导决定给每个员工加 500 元奖金，因此在公式中就出现了"+500"的字样。直接输入数字，他人很难懂 500 的意思。

正确的公式如下图所示。

② 不要使用太长的公式

长公式就是在一个单元格内完成所有复杂计算的公式。通常，使用长公式是可能造成失误的原因，而且出错后很难发现。看到这个公式，也很难理解要算什么。

例如，下面这个例子，需要计算工资，如下图所示。

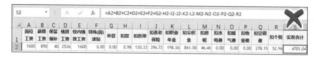

由于工资项目太多，导致公式特别长，大大增加了出错的概率，可以考虑将项目分别进行计算。首先计算"应发合计"，如下图所示。

其次计算"扣款合计"，如下图所示。

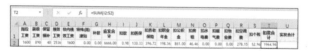

最后计算"实发合计"，如下图所示。

这样，一个复杂的公式就变成了几个相对简单的公式。

③ 公式要从左到右进行计算

习惯上，公式都是从左到右进行计算的。Excel 的计算是一项非常复杂的工作，从左到右是一般人的习惯，可能某些人不按这个习惯操作，但这一方面会增大出错的概率，另一方面对读者而言，也增加了阅读的难度。

例如，前面提到的例子，如下图所示。

F2		:	×	✓	f_x	=[@基本工资]+[@补助工资]+[@奖金]-[@扣除工资]	

	A	B	C	D	E	F	G
1	姓名	基本工资	补助工资	扣除工资	奖金	实发工资	
2	刘老大	5000	3000	1200	500	7300	✗
3	孙二姐	4500	2800	1000	500		
4	皮三丫	4200	2600	800	500		
5	张小四	4200	2500	800	500		

计算公式中，选择了先把所有数据相加，然后再减去要扣除的数据，并没有按照从左到右的习惯进行计算，这样就容易漏掉数据。正确的公式写法如下图所示。

F2		:	×	✓	f_x	=[@基本工资]+[@补助工资]-[@扣除工资]+[@奖金]	

	A	B	C	D	E	F	G
1	姓名	基本工资	补助工资	扣除工资	奖金	实发工资	
2	刘老大	5000	3000	1200	500	7300	✓
3	孙二姐	4500	2800	1000	500		
4	皮三丫	4200	2600	800	500		
5	张小四	4200	2500	800	500		

④ 制作工作表的框架图

一个 Excel 文件中可能有多张工作表，通常会给每个工作表命名，以表示该工作表记录的基本数据和功能。此时，如果工作表太多，或者工作表的顺序没有直接关联，就会导致难以理解各张表的功能。

因此，需要一张工作表框架图来描述各张表之间的联系，如下图所示。有了工作表框架图，即使第一次看到这个文件，也能迅速理解该文件的内容和计算方法。

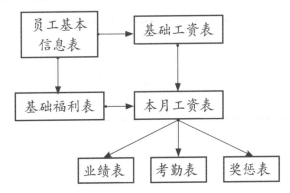

⑤ 不要隐藏工作表

当一个工作表的使命完成后，一般会选择将其删除，不过，有一些工作表可能以后还会用，所以并不想删除这些工作表。在这种情况下，很多人会选择将工作表隐藏，好像问题这样就解决了。

但是，如果要将 Excel 工作表发给其他人，或者忘记了曾经隐藏的工作表，那么会不会把本来不想发给他人的工作表也一起发了呢？如果被隐藏工作表的内容不想被对方知道，甚至不能被对方知道？这个后果不敢想象！

4.3 永远不要忘记再检查一遍

教学视频

无论多么仔细，都很难避免不会出现差错。因此，错误是不可能完全避免的。但是，可以在制作完表格后做一些有效的检查，尽量减少出错的概率。下面介绍一些常用的检查方法。

1 学会使用【F2】键

使用【F2】键是常用的检查方法之一，先选中有公式的单元格，再按【F2】键，就可以知道计算的内容，即显示计算公式的内容。

如下图所示，选中有计算公式的单元格，如 F2 单元格。

	A	B	C	D	E	F
1	姓名	基本工资	补助工资	扣除工资	奖金	实发工资
2	刘老大	5000	3000	1200	500	7300
3	孙二姐	4500	2800	1000	500	
4	皮三丫	4200	2600	800	500	
5	张小四	4200	2500	800	500	

然后按【F2】键，就会显示出单元格的计算内容，如下图所示。

	A	B	C	D	E	F	G	H	I	J
1	姓名	基本工资	补助工资	扣除工资	奖金	实发工资				
2	刘老大	5000	3000	1200	500	=[@基本工资]+[@补助工资]-[@扣除工资]+[@奖金]				
3	孙二姐	4500	2800	1000	500					
4	皮三丫	4200	2600	800	500					
5	张小四	4200	2500	800	500					

2 使用错误检查

Excel 自带的错误检查功能，在【公式】选项卡下【公式审核】组中，如下图所示。

使用方法也很简单，如下图所示的例子，公式中显示有错误，具体检查步骤如下。

F2		▼	:	×	✓	ƒx	=[@基本工资]+[@补助工资]-[@扣除工资]+[@奖金]+[@姓名]		

▲	A	B	C	D	E	F	G	H
1	姓名	基本工资	补助工资	扣除工资	奖金	实发工资		
2	刘老大	5000	3000	1200	ⓘ)0	#VALUE!		
3	孙二姐	4500	2800	1000	500			
4	皮三丫	4200	2600	800	500			
5	张小四	4200	2500	800	500			

步骤 01 首先选中有错误公式的单元格，单击【错误检查】按钮，如下左图所示。

步骤 02 弹出【错误检查】对话框，提示基本错误信息，如下右图所示。

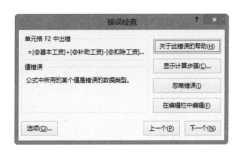

③ 追踪错误

同样，在【公式】选项卡的【公式审核】组中有追踪功能，如下图所示，可以获取相关的信息，具体操作步骤如下。

步骤 01 首先选中含有公式的单元格，单击【追踪引用单元格】按钮，如下左图所示。

步骤 02 此时会出现一个蓝色的箭头，指出被引用的单元格，如下右图所示。

F2		▼	:	×	✓	ƒx	=[@基本工资]+[@补助工资]-[@扣除工资]+[@奖金]	

▲	A	B	C	D	E	F	G
1	姓名	基本工资	补助工资	扣除工资	奖金	实发工资	
2	刘老大	5000	3000	1200	500	7300	
3	孙二姐	4500	2800	1000	500		
4	皮三丫	4200	2600	800	500		
5	张小四	4200	2500	800	500		

步骤 03 选中一个参与计算的单元格，这里选择C2单元格，然后单击【追踪从属单元格】按钮，如下左图所示。

步骤 04 此时会出现一个蓝色的箭头，指出从属单元格，如下右图所示。

步骤 05 追踪完成后，可能需要去掉追踪痕迹。单击【移去箭头】
按钮即可，如右图所示。

4 在 Excel 工作中安排充足的时间

除了以上几种检查错误的方法外，需要再次强调的是，希望能在 Excel 上多花费一些时间。
制作 Excel 时越心急越容易出错，如果工作时间太过紧迫，不但会让计算变得杂乱无章，检查工
作也会做得不够细致。如此一来，自然就增加了失误的概率，也会让你觉得 Excel 太难，太容易
出错。

总的来说，制作 Excel 图表是一个需要耐心和细心的工作，一定要安排充足的时间来处理相
关工作，按部就班地完成数据计算，仔细检查，制作出准确无误的 Excel 工作表。

4.4 团队协作才能避免出错

教学视频

很多情况下，误算发生的原因来自和别人共享同一个 Excel 文件。由于不了解团队成员手中
的文件，因此才会发生错误。要减少错误，就得构建一套工作方法和模式。如果不严格制订避免
误算的原则或方法，误算的情况就不会减少，这需要整个团队的共同努力。

1 团队协作的原则

团队协作的首要原则就是各司其职！但计算一定要由专人负责，即团队中只有一个人负责计
算，否则结果可想而知……

当然，为了安全起见，也可以一个人负责计算，其他人协助检查，这样可以进一步提高计算
的准确性。

另外，文件只能有一个版本！有人习惯把文件分成几个部分，你做一部分，我做一部分，他再做一部分，这样表面上看可以提高效率，但实际上会出现很多问题。例如，几个人的风格不同、习惯不同，甚至是水平不同，会导致最终的文件无法合并！所以，文件最好只有一个版本！

2　重视简单计算

简单计算，首先会降低出错的概率，更重要的是，在团队合作中，公式是需要给团队成员看的，当然是越简单越好，千万不要别出心裁，要使用大家都会的方法。

团队首先讲究的是合作，不是个人秀，如果写出了一个很完美的计算公式，但是团队成员看不懂，也就无法验证其正确性。

其实，在工作中也有很多例子，如一个Excel高手离职后，他的工作无人接手，也无人能接手，因为他写的公式其他人看不懂！

所以，团队合作的目标之一就是建立以简单计算为目标的团队！

3　团队负责人很重要

能否保证没有误算，取决于团队负责人！

第一，负责人的心态很重要。

大家都不喜欢计算，更不希望出错，此时，如果团队负责人整天说："我是业务出身，不擅长计算，所以算错也是没办法的事！"那么团队成员在计算时，也就不会有"绝对不出错"的强烈意念！身为负责人，要牢牢记住：能否减少整个团队的误算，完全取决于负责人的心态！

第二，负责人要经常提出疑问。

那么身为负责人，又该用什么样的方法和团队进行沟通呢？当团队成员将文件交给你确认时，要尽可能地提出问题，确认对方的计算是否真的符合要求。例如，"为什么要这样计算呢？""为什么是这个结果呢？""你考虑了市场变化吗？"，等等。一旦发现不对，就要立即修改。

Excel并不是计算出结果就结束了，还要能够清楚地说明最后的结果，身为负责人，需要追根究底地提出疑问，让团队成员能够借着操作Excel的过程，不断增强对商业数字的敏感度。

第三，负责人需要给予成员充分的工作时间。

负责人需要给予成员充分的工作时间，因为，越仓促完成的Excel，越容易出错。在安排工作进程时，要考虑是否有充足的时间，让团队成员可以按部就班地完成Excel工作。

决定了完成期限后，在成员提交工作之前，不要时不时地提出自己的意见，否则会让成员很有压力，更重要的是，可能会扰乱他们原有的工作计划，导致Excel工作失去了原有的完整性和正确性，做出来的结果要么漏洞百出，要么不能很好地解决实际问题！

教学视频

4.5 数据安全很重要

工作中要随时有这样的意识——辛辛苦苦设计的表格、输入的数据一定要保护好。所以要定期复制数据！如果是分发给下级部门使用，还要考虑谁可以打开它、谁可以编辑它？允许什么范围的编辑？这样数据就不会轻易被破坏了。在 Excel 中，从工作簿、工作表和单元格 3 个层次都可以对文件和信息进行保护，只有拥有相应权限的用户才能看到相应信息或进行允许的操作，这样就大大加强了信息的安全性。

4.5.1 给单元格加把"安全锁"

工作表的结构一旦设计好，在工作中一般是不允许随意修改的，并且经常只需基层工作人员输入、编辑个别列的信息，而有些列的信息只能看不能改。通过对单元格格式的"保护"设置，可以满足这项功能需求，具体操作步骤如下。

步骤 01 打开"成绩表"，首先选中整个工作表，然后按【Ctrl+1】组合键，弹出【设置单元格格式】对话框，选择【保护】选项卡，取消选中【锁定】复选框，单击【确定】按钮，如右图所示。

步骤 02 选中 A、B 两列，同时选定 C1:G1 单元格区域，按【Ctrl+1】组合键，弹出【设置单元格格式】对话框，选择【保护】选项卡，选中【锁定】复选框，单击【确定】按钮，如下图所示。

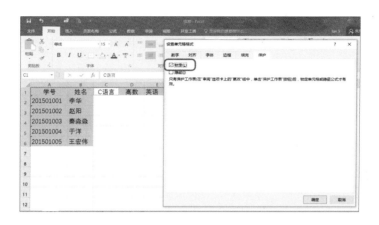

步骤 **03** 选择【审阅】选项卡，单击【更改】组中的【保护工作表】按钮，在弹出的【保护工作表】对话框中
选中【选定未锁定的单元格】复选框，输入两次保护密码，单击【确定】按钮。返回工作表后，刚才
"锁定"的单元格区域就只能查看，不能做任何编辑了，而其他区域可以正常编辑，如下图所示。

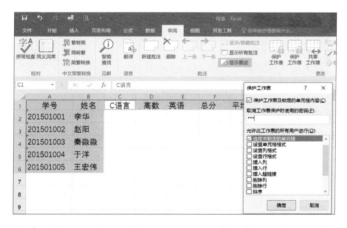

提示： 如果要使对单元格的"锁定"生效，必须同时在【审阅】选项卡中设置"保护工作表"，
否则对单元格的保护是无效的。如果要撤销对单元格的保护，只需在【审阅】选项卡中"撤销保
护工作表"即可。

4.5.2 需要密码才能打开的 Excel 文件

2016 版的 Excel 提供了 6 种保护文件的方式，常用的有 3 种：把文件保存为只读文件、设置
打开文件的密码、设置对工作表可以进行的操作。现以"设置打开文件的密码"对文件保护为例，
具体操作步骤如下。

步骤 ① 在当前工作簿任一工作表中打开【文件】选项卡，弹出对文件可以进行各种操作的界面，在界面左侧显示当前选项为【信息】，在右侧单击【保护工作簿】下拉按钮，选择【用密码进行加密】选项，如下左图所示。

步骤 ② 在弹出的【加密文档】对话框中输入两次相同的密码，单击【确定】按钮。当再次打开该文件时，首先要输入正确的密码才能打开工作簿，如右下图所示。

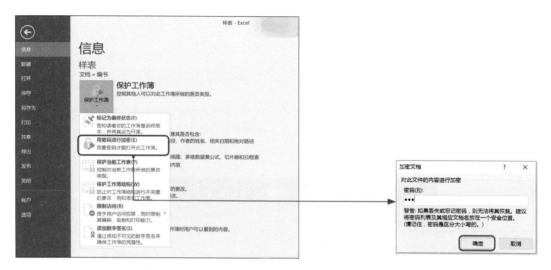

提示： 对文件加密也可以在另存文件时设置。单击【另存为】对话框中【保存】按钮左侧的【工具】下拉按钮，选择【常规选项】选项，弹出【常规选项】对话框，在其中可以设置【打开权限密码】和【修改权限密码】，如下图所示。

4.5.3 生成 PDF 文档，防止数据被修改

PDF 格式文档译为可移植文档格式，这种文档格式与操作系统平台无关，是进行电子文档发布和数字化信息传播的理想文档格式，它可以将文字、字体、格式、颜色及独立于设备和分辨率的图形图像等封装在一个文件中，封装后就不能对它进行编辑了。所以把文档保存为 PDF 格式也有保护文档的作用，具体操作步骤如下。

步骤 01 选择【文件】选项卡，在打开的界面右侧选择【打印】选项，在【打印机】下拉列表中选择【Microsoft Print to PDF】选项，如右图所示。单击【打印】按钮，指定保存文件位置，生成 PDF 文档。

步骤 02 在保存文件的文件夹中双击刚生成的 PDF 文档，将其打开，现在为只能查看不能修改状态。

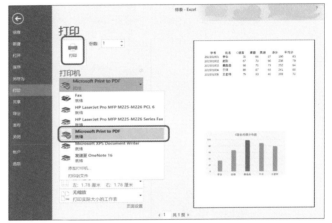

提示： 也可以通过另存文件的方法，在【文件类型】下拉列表中选择 PDF 格式保存文档。

 本章主要介绍了数据的获取与整理，在结束本章内容之前，不妨先测试下本章的学习效果，打开"素材\ch04\高手自测.xlsx"文件，在5个工作表中分别根据要求完成相应的操作，如果能顺利完成，则表明已经掌握了图表的制作，如果不能，就再认真学习下本章的内容，然后在学习后续章节吧。

高手点拨

（1）打开"素材\ch04\高手自测.xlsx"文档，根据"高手自测1"工作表中的数据，如下图所示，制作数据透视表，并显示 3 个月的销售情况。

| | 房地产月份销售总结报告 | | | |
项目	总套数	1月	2月	3月
万科金色梦想	355	100	105	150
保利大都会	475	150	145	180
碧桂园凤凰城	414	130	132	152
越秀天静湾	780	260	170	350
绿地城	610	180	260	170
富力公主湾	289	89	120	80
万科山景城	285	80	110	95
华润万绿湖	890	270	300	320
假日半岛	410	120	150	140
万达文化城	500	180	80	240

行标签 ▼	求和项:1月	求和项:2月	求和项:3月
保利大都会	150	145	180
碧桂园凤凰城	130	132	152
富力公主湾	89	120	80
华润万绿湖	270	300	320
假日半岛	120	150	140
绿地城	180	260	170
万达文化城	180	80	240
万科金色梦想	100	105	150
万科山景城	80	110	95
越秀天静湾	260	170	350
总计	1559	1572	1877

（2）打开"素材\ch04\高手自测.xlsx"文档，根据"高手自测2"工作表中的数据，如下图所示，

按 "总套数" 降序进行数据分析。

项目	总套数	1月	2月	3月
房地产月份销售总结报告				
万科金色梦想	355	100	105	150
保利大都会	475	150	145	180
碧桂园凤凰城	414	130	132	152
越秀天静湾	780	260	170	350
绿地城	610	180	260	170
富力公主湾	289	89	120	80
万科山景城	285	80	110	95
华润万绿湖	890	270	300	320
假日半岛	410	120	150	140
万达文化城	500	180	80	240

行标签	求和项:总套数
华润万绿湖	890
越秀天静湾	780
绿地城	610
万达文化城	500
保利大都会	475
碧桂园凤凰城	414
假日半岛	410
万科金色梦想	355
富力公主湾	289
万科山景城	285
总计	**5008**

5

高手气质：让图表数据一目了然

图表能够更加形象、直观地反映数据的变化规律和发展趋势，帮助分析和比较工作中的大量数据。

5.1 别把 Excel 图表当 PPT 做

教学视频

或许，你已经发现，数据图表及其他的可视化数据展现手段越来越广泛地被采用。现在是"读图时代"，越来越快的生活节奏和越来越高的视觉需求，促使大多数人更愿意选择美观而又节省阅读时间的图表作为他们获取信息的媒介。

图表是以图形化的方式传递和表达数据信息的工具，相对于文字而言，使用图表来展现数据信息可以令其更加生动而具体，一目了然。也可以说，图表是一种能够让数据"开口说话"的工具。

在 Excel 的帮助下，几乎所有人都可以轻松地制作图表，但事实上，只有少数人能制作出美观、简洁的图表。许多人在制作图表时，都会陷入一些误区，比如下面两个例子。

（1）盲目地将表中的所有数据都加入图表中。

如下图所示，图表中有太多的数据，而且有些数据不太合适，加深了阅读的难度，降低了数据信息传递的效能。（素材 \ch05\5.1-1.xlsx）

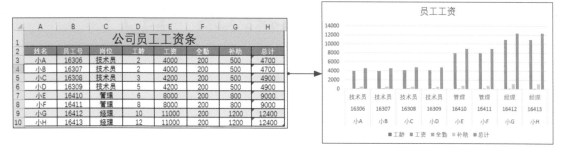

（2）单纯机械地将现有表格数据转换为图表。

如下图所示，将图表中的数据放一起，根本没有比较的作用，完全没有必要制作成图表。（素材 \ch05\5.1-2.xlsx）

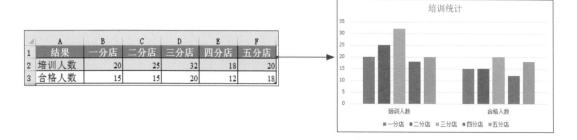

教学视频

5.2 常用的 3 种 Excel 图表

Excel 2016 中包含了 15 种图表类型，但经常会用到的图表只有 3 种：饼图、柱形图和折线图。只要掌握了这 3 种常用图表的创建，其他图表就很容易制作了。

1 饼图

饼图主要用来显示组成数据系列的各分类项在总和中所占的比例，通常只显示一个数据系列，如公司各产品销售贡献率、各地区销售占比、各销售渠道销售占比等。

饼图是通过各类别的数据大小占总额的比例来划分其面积的，面积越大意味着数值与占比越大。在 Excel 2016 中，饼图分为一般饼图、复合饼图、复合条饼图和三维饼图，如下图所示。由于三维饼图在设置不当时会严重干扰读图，因此使用较少，尤其不推荐初学者使用。

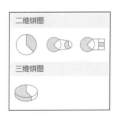

例如，某市各城区常住人口情况，如下图所示，市区含金水区、中原区、二七区、管城区、惠济区 5 个中心城区。如果要展示各城区常住人口所占比例情况，饼图就是最适合的。（结果 \ch05\5.2-1.xlsx）

市区	人口	比例
金水区	1588611	39%
中原区	905430	22%
二七区	712597	17%
管城区	645888	16%
惠济区	269561	6%

郑州市各区人口对比图

■金水区 ■中原区 ■二七区 ■管城区 ■惠济区

2 柱形图

柱形图主要用来进行不同分类项之间的对比,如产品销量之间的比较、公司销售额之间的比较、少量时间轴上的跟踪比较等。其中,簇状柱形图是 Excel 默认的图表,它通过柱子的高低可以使数据的优劣一目了然!

柱形图是最容易读懂的图表之一,它利用柱子的高低来反映数值的大小。以横坐标为界,正数数值越大,柱子就越高;如果为负数,那么柱子越短,数值越大。Excel 2016 提供的柱形图既有二维柱形图,如簇状柱形图、堆积柱形图和百分比堆积柱形图;也有三维柱形图,如三维簇状柱形图、三维堆积柱形图、三维百分比堆积柱形图和三维柱形图,如下图所示。同样,除非必要,一般不推荐使用三维柱形图。

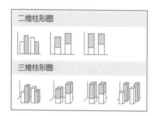

例如,如果要统计 2019 年四个季度的目标完成情况,可以使用如下图所示的柱形图。（结果 \ch05\5.2-2.xlsx）

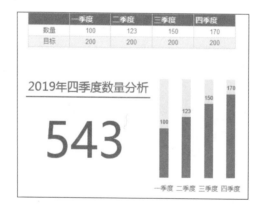

3 折线图

折线图主要用一系列以折线相连且间隔相同的点来显示数据的变化趋势,其中的折线和数据点折线两种类型最为常用。在折线图中，横坐标代表时间，纵坐标代表数值，线条表示在横坐标各个时间点上的数值大小、变化波动和变化趋势情况，如网站流量、每月营业额、产品销售数量、每月成本控制等。

Excel 2016 提供的折线图包括折线图、堆积折线图、百分比堆积折线图、带数据标记的折线图、带数据标记的堆积折线图和带数据标记的百分比堆积折线图，当然也有三维折线图，如下图所示。

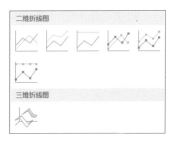

例如，下图所示的例子中统计了 2019 年每个月"销售数量"的变化情况。（结果 \ch05\5.2-3.xlsx）

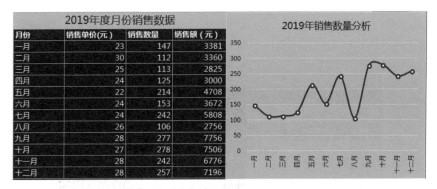

5.3 选好图表类型就成功了一半

制作专业的图表，必须了解图表的适用范围和设计技巧，不同的图表类型，其侧重点和反映的信息也不同。一个完美的图表，从图表类型的选择开始。

在 Excel 2016 中，除了前面介绍的 3 种图表外，还有很多图表类型可供选择。

条形图用水平条来表示各项数据，虽然看起来与柱状图类似，但更倾向于表示各类型数据之间的差异，使用水平条来弱化时间的变化，强调数据之间的比较。

Excel 2016 中提供了二维条形图（如簇状条形图、堆积条形图和百分比堆积条形图）和三维条形图（如三维簇状条形图、三维堆积条形图和三维百分比堆积条形图），如下图所示。

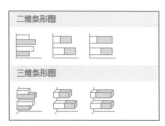

条形图用条形长度反映数值的大小，以纵坐标为界，正数数值越大，条形就越向右伸展；负数数值越大，条形就越向左伸展。条形图主要用于数值排序或排名，如销售人员的销售量排名、各部门业绩排名、产品销售排名等。下图所示的例子显示了全国各地区人口占比。（结果 \ch05\5.3-5.xlsx）

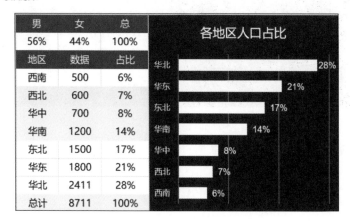

② 面积图——显示变动幅度

面积图直接使用大块面积表示数据，突出了随时间变化的数值变化量，用于显示一段时间内数值的变化幅度，同时也可以看出整体的变化。虽然面积图的功能与折线图类似，但它的可视化效果更突出。

　　Excel 2016 同样提供了二维面积图（包括面积图、堆积面积图和百分比堆积面积图）和三维面积图（包括三维面积图、三维堆积面积图和三维百分比堆积面积图），如下图所示。

　　使用面积图不仅可以直观地比较数值的大小，而且可以了解数据的变化趋势，常用于描述网站每日访问量、每日订单数、整年增长趋势等。下图所示的例子描述了 2019 年每月的收入和支出情况。（结果 \ch05\5.3-6.xlsx）

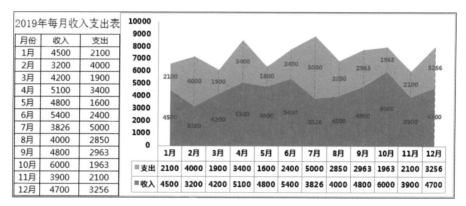

3　雷达图——显示相对于中心点的值

　　雷达图有点像蜘蛛网，所以也称为蛛网图，它可以同时对单个系列或多个系列进行多个类别的对比，尤其适用于系列之间的综合对比，它能直观、有效地反映各个系列的综合表现。

　　Excel 2016 提供了多种雷达图，包括雷达图、带数据标记的雷达图和填充雷达图，如下图所示。

　　那么在雷达图中如何比较呢？只需关注各个属性点的长度即可，长度越长代表数值越大。雷达图不仅可以用于少系列、少属性类别的综合对比，而且可以用于多系列、多属性类别的综合对比。

例如，公司综合评估，其属性包括公司知名度、产品数、销售规模、服务质量等。下图所示的例子描述了公司某产品实际与标准对比。（结果 \ch05\5.3-9.xlsx）

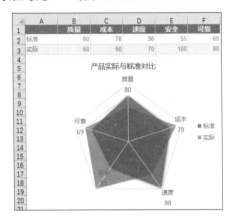

4 散点图——显示不同点之间的数值变化关系

　　散点图用来显示值集之间的关系，通常表示不均匀时间段内的数据变化。此外，散点图还可以快速精准地绘制函数曲线，在教学、科学计算中经常用到。如果在不考虑时间的情况下比较大量数据，散点图是最好的选择，而且散点图中包含的数据越多，比较的效果就越好。默认情况下，散点图以圆点显示数据。

　　Excel 2016 提供的散点图包括散点图、带平滑线和数据标记的散点图、带平滑线的散点图、带直线和数据标记的散点图及带直线的散点图，如下图所示。

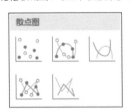

　　散点图与折线图在表现形式上类似，但折线图一般用于显示随时间而变化的连续数据，非常适合显示在相等时间间隔下数据的变化趋势。在折线图中，时间数据沿横坐标均匀分布，所有数值都沿纵坐标均匀分布。而散点图有两个数值轴，沿横坐标显示一组数据，沿纵坐标显示另一组数据，散点图将这些数值合并到单一数据点并以不均匀间隔显示它们。在下图所示的例子中，描述了一个小朋友在成长过程中的身高数据，可以看到他的妈妈并不是有规律地给孩子量身高的。

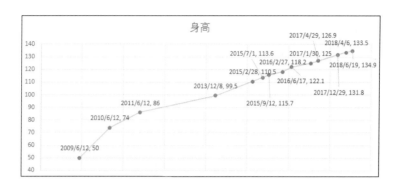

5 树状图——用矩形显示数据所占的比例

树状图是展现有群组、层次关系比例数据的一种分析工具，它通过矩形的面积、排列和颜色来显示复杂的数据关系，并具有群组、层级关系展现功能，能够直观体现同级数据之间的比较。

通常，表示结构关系的图表，第一个想到的是饼图，一般情况下，绘制饼图的数据需控制在5个左右，但实际上往往会出现超过5个，甚至达到几十或上百个数据的情况，这时再用饼图显然不合适，那么可以用什么图表来表示呢？可以用树状图，它非常适合展示构成项目较多的结构关系，如果能够继续归纳分类，还可以展现分类之间的比例大小及层级关系。

在下图所示的例子中，使用树状图描述了两个店的产品价格和销量，可以很清楚地看出哪种产品销量最好。

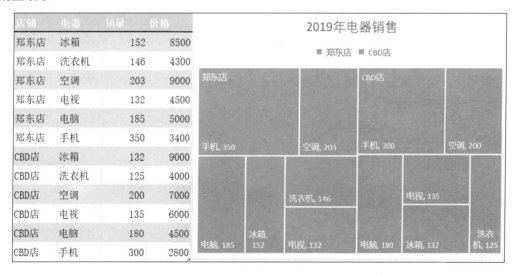

店铺	电器	销量	价格
郑东店	冰箱	152	8500
郑东店	洗衣机	146	4300
郑东店	空调	203	9000
郑东店	电视	132	4500
郑东店	电脑	185	5000
郑东店	手机	350	3400
CBD店	冰箱	132	9000
CBD店	洗衣机	125	4000
CBD店	空调	200	7000
CBD店	电视	135	6000
CBD店	电脑	180	4500
CBD店	手机	300	2800

6 旭日图——用环形显示数据关系

旭日图是一种现代饼图，它超越了传统的饼图和环图，能表达清晰的层级和归属关系，以父子层次结构来显示数据构成情况。在旭日图中，离圆点越近表示级别越高，相邻两层中是内层包含外层的关系。

在实际项目中使用旭日图，可以更细分、溯源分析数据，真正了解数据的具体构成。旭日图不仅数据直观，而且图表用起来特别炫酷，能够拉高数据汇报的"颜值"！很多数据场景都适合用旭日图。如下图所示，在销售汇总报告中，可以方便地看到每个时间段的业绩情况。（素材 \ch05\5.3-11.xlsx）

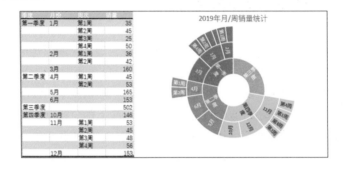

7 直方图——用于展示数据型数据

直方图是展示数据的分组分布状态的一种图形，它用矩形的宽度和高度表示频数分布，通过直方图，用户可以直观地看出数据分布的形状、中心位置及数据的离散程度等。在下图所示的例子中，使用直方图非常明显地展示了员工考核的成绩分布（70~80 分的人最多）。（素材 \ch05\5.3-12.xlsx）

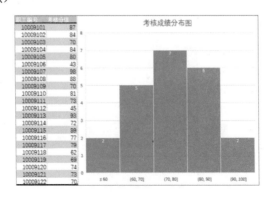

8 瀑布图——显示数值的演变

瀑布图是指通过巧妙的设置，使图表中数据点的排列形状看似瀑布。这种效果的图形不仅能反映数据在不同时期受不同因素影响的程度及结果，还能直观地反映数据的增减变化，在工作表中非常有实用价值。在下图所示的例子中，使用瀑布图描述了本月工资的基本情况。

（素材 \ch05\5.3-14.xlsx）

5.4 为何很多人制作的图表不好看

教学视频

生成图表，并不算完成工作，还需要进行适当的美化。美化图表，不仅要在外观上，还要注意适当添加数据元素，让图表更加完美。

5.4.1 图表元素

适当添加图表元素不仅能展示更多的图表信息，使人易于理解，还能使图表看起来更美观、更专业。

1 添加图表标题

给图表添加一个合适的标题，既可以表明图表的用途，又可以直观地显示图表的作用，具体操作步骤如下。

步骤 **01** 选中图表，单击【图表工具－设计】选项卡【图表布局】组中的【添加图表元素】按钮。在弹出的下拉菜单中，选择【图表标题】→【图表上方】选项，如下图所示。

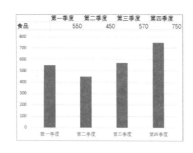

步骤 **02** 输入图表标题"2019年四季度食品销售图"，效果如右图所示。

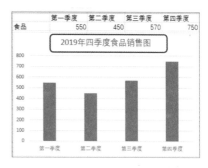

2 添加数据标签

数据标签就是在图表上显示出的具体数值，便于用户直接获取图形代表的数值信息。添加数据标签的具体操作步骤如下。

步骤 **01** 选中图表，单击【图表工具-设计】选项卡【图表布局】组中的【添加图表元素】按钮。在弹出的下拉菜单中，选择【数据标签】→【数据标签外】选项，如下图所示。

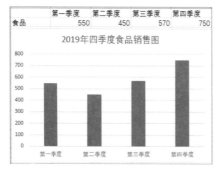

步骤 **02** 此时，即可完成数据标签的添加，如下图所示。

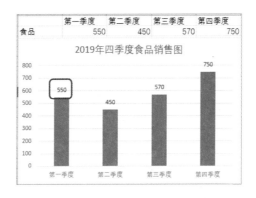

	第一季度	第二季度	第三季度	第四季度
食品	550	450	570	750

3 添加数据表

如果希望能同时看到图表和原始数据表,可以把原始数据表也加入图表中,具体操作步骤如下。

步骤 01 选中图表,单击【图表工具-设计】选项卡【图表布局】组中的【添加图表元素】按钮。在弹出的下拉菜单中,选择【数据表】→【显示图例项标示】选项,如下图所示。

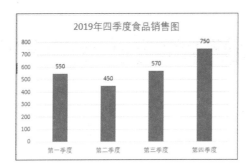

步骤 02 此时,即可完成原始数据表的添加,如右图所示。

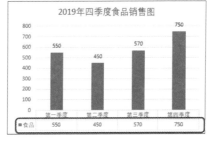

当然,图表的元素比较多,如下图所示,每一个元素都有其存在的意义,大家可以根据需要进行相关的设置,这里不再赘述。

5.4.2 调整图表布局

Excel 中内置了多种图表布局样式，包含不同的图表布局，用户可以根据需要选择布局类型。

步骤 01 打开"素材 \ch05\ 商场销售统计分析表（柱状图）.xlsx"文件，如下左图所示。

步骤 02 选中图表，单击【图表工具-设计】选项卡【图表布局】组中的【快速布局】按钮，如下右图所示。

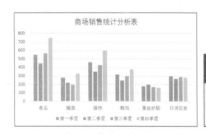 

步骤 03 在弹出的下拉菜单中，根据需要选择一个布局，这里选择【布局 2】选项。该布局包括图表标题、图例（顶部）、数据标签（数据标签外）和横坐标轴，如下左图所示。

步骤 04 此时，即可完成图表布局的调整，如下右图所示。

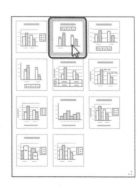 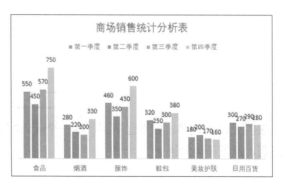

那么，如何知道某个布局所包含的内容呢？其实很简单，将鼠标指针移动到布局名称上，系统就会给出该布局所包含的内容（如果对图表比较熟悉，看图标就可以知道）。图表布局其实就是系统已经设定好几个元素，可以直接使用，而无须自己再去设定元素，如下图所示。

5.4.3 修改图表样式

图表样式用起来很方便，系统不仅已设定好元素和布局，而且色彩也已搭配好，选择一个合适的即可。

步骤 01 打开"素材 \ch05\ 商场销售统计分析表（柱状图）.xlsx"文件，如右图所示。

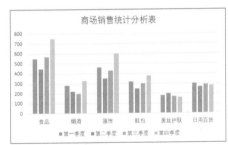

步骤 02 选中图表，单击【图表工具-设计】选项卡【图表样式】组中的【样式4】图标，如下图所示。

步骤 03 此时，即可完成图表样式的修改，如下图所示。

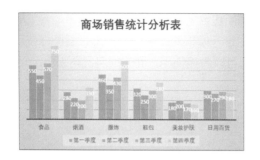

商场销售统计分析表

5.4.4 色彩搭配

从前面的内容中不难看出，专业的商务图表在色彩搭配上往往恰到好处，既能强化数据关系、突出主体，又能在色彩上达到深浅适宜、一目了然的效果。

1 基本色彩理论

三原色通常分为两类：一类是色光三原色，即红、绿、蓝；另一类是颜料三原色，即青、品红、黄。但在美术上又把红、黄、蓝定义为色彩三原色。因此，三原色不仅应用在美术方面，而且广泛应用在图表设计领域中。

原色是色环中所有颜色的基础，在色环中，只有红、黄、蓝 3 种颜色不是由其他颜色调和而成的，如下图所示。

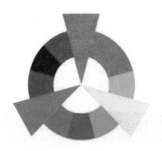

三原色很少同时使用。但是，红黄搭配还是十分常见的，其应用的范围很广，在图表设计中经常会看到这两种颜色搭配在一起。蓝红搭配也很常见，但只有当两者的区域分离时，才会显得吸引人，如果是紧挨在一起，则会有些突兀。

二次色即间色，是由品红、黄、青的减法三原色中任意两种原色调配成的色相。由两种原色按不同比例可调配多种二次色。二次色位于两种三原色中间，如下图所示。

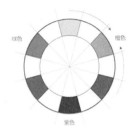

　　二次色之间有一种共同的颜色。其中，两种共同拥有红色，两种共同拥有黄色，两种共同拥有蓝色，这是它们轻易能够形成协调搭配的原因。如果 3 种二次色同时使用，则显得很舒适、吸引人，并具有丰富的色调。它们同时具有的颜色深度及广度，在其他颜色关系上很难找到。

　　三次色是由相邻的两种二次色调合而成的，如下图所示。

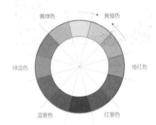

　　色环是在彩色光谱中所见的长条形的色彩序列，只需将首尾连接在一起，使红色连接到另一端的紫色，每一种颜色都拥有相邻的颜色，循环形成一个色环。在色环中，共同的颜色是颜色关系的基本要点，如下图所示。

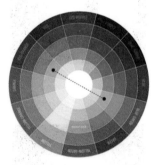

　　色环通常包括 12 种不同的颜色，这 12 种常用颜色组成的色环，称为 12 色环，如下图所示。

在色环上直线相对的两种颜色称为补色。例如，红色和绿色互为补色，不仅形成强烈的对比效果，而且传达出活力、能量、兴奋等意义，如下图所示。

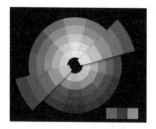

要想补色达到最佳的效果，最好其中一种颜色面积比较小，另一种颜色面积比较大。例如，在一个橙色的区域中搭配蓝色的小圆点。

相邻的颜色称为类比色。类比色都拥有共同的颜色，如下图所示，这种颜色搭配可以产生一种令人悦目的、低对比度的和谐美感。类比色很丰富，应用这种搭配可轻易产生不错的视觉效果。

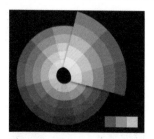

一种颜色由暗、中、明3种色调组成，这就是单色。单色在搭配上虽没有形成颜色的层次，但形成了明暗的层次。这种搭配应用在设计中时，整体效果很和谐，如下图所示。

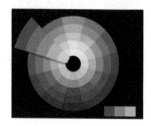

在图表制作和设计过程中，如果不懂基本的色彩理论，就很难设计出专业的 Excel 图表，并很容易陷入图表色彩搭配的误区。

误区一：背景色不协调。

这里说的背景色是指整个图表区域的背景色，可以直接填充各种颜色、纹理或图片。但是设置的背景色不宜过重，否则会影响整个图表的视觉效果，如下图所示。

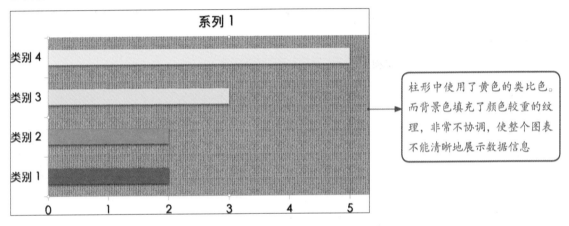

柱形中使用了黄色的类比色。而背景色填充了颜色较重的纹理，非常不协调，使整个图表不能清晰地展示数据信息

修改方案如下图所示。

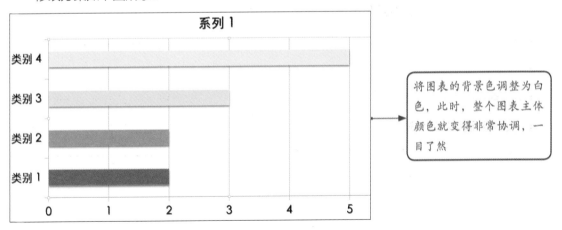

将图表的背景色调整为白色，此时，整个图表主体颜色就变得非常协调，一目了然

误区二：主体颜色混乱。

图表数据系列的颜色不宜过多，最好不要超过 3 种，否则就会造成颜色混乱，如下图所示。

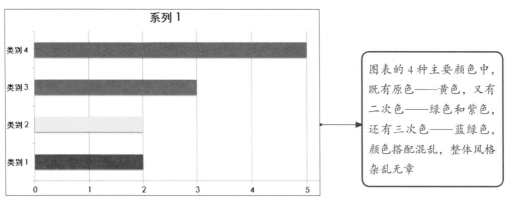

图表的 4 种主要颜色中，既有原色——黄色，又有二次色——绿色和紫色，还有三次色——蓝绿色，颜色搭配混乱，整体风格杂乱无章

修改方案如下图所示。

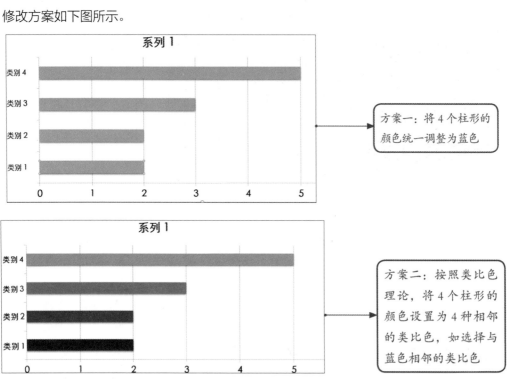

方案一：将 4 个柱形的颜色统一调整为蓝色

方案二：按照类比色理论，将 4 个柱形的颜色设置为 4 种相邻的类比色，如选择与蓝色相邻的类比色

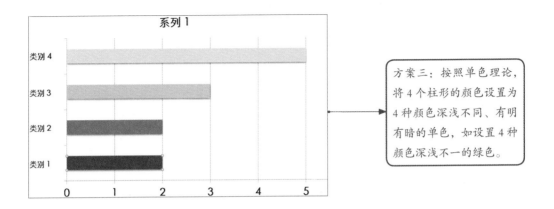

方案三：按照单色理论，将 4 个柱形的颜色设置为 4 种颜色深浅不同、有明有暗的单色，如设置 4 种颜色深浅不一的绿色。

盘点经典的图表设计

本节通过几种常见的经典图表类型，介绍图表的设计方法。

1 综合实战——制作营销分析图表

营销分析图表是企业营销市场部门常用的图表类型。制作营销分析图表的操作步骤如下。

步骤 01 打开"素材 \ch05\ 第一季服饰销售统计 .xlsx"文件，如下左图所示。

步骤 02 选中 A1:D8 单元格区域，单击【插入】选项卡【图表】组中的【插入柱形图或条形图】下拉按钮，在弹出的下拉列表中选择【二维柱形图】选项组中的【簇状柱形图】选项，生成如下右图所示的图表。

销售产品 \ 销售月份	一月	二月	三月
T恤	18	25	30
裤类	20	24	21
短裙	10	13	20
连衣裙	12	17	32
打底衫	31	26	14
大衣	35	20	16
羽绒服	28	13	8

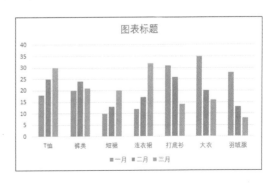

步骤 03 选中图表，单击【图表工具-设计】选项卡【图表布局】组中的【添加图表元素】按钮，在弹出的下拉菜单中选择【图表标题】→【图表上方】选项，并编辑图表标题为"第一季度服装销售统计表"，如右图所示。

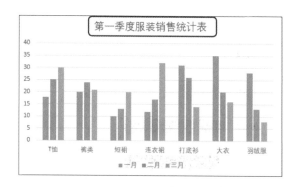

步骤 04 选中图表，单击【图表工具-设计】选项卡【图表布局】组中的【添加图表元素】按钮，在弹出的下拉菜单中，选择【数据标签】→【数据标签内】选项，结果如右图所示。

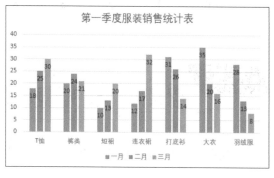

步骤 05 最后，根据需要对图表进行美化，最终效果如右图所示。

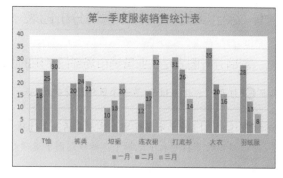

② 制作复合饼图

制作某市人口分布的复合饼图，在大的饼图中展示主要城区常住人口比例，在小的饼图中展示周边城区常住人口比例，具体操作步骤如下。

步骤 01 打开"素材 \ch05\ 复合饼图设计 .xlsx"文件，如下左图所示。

步骤 02 同时选中【市区】和【比例】两列数据，单击【插入】选项卡【图表】组中的【插入饼图或圆环图】按钮，在弹出的下拉列表中选择【二维饼图】中的【复合饼图】选项，在工作表中插入复合饼图，如下右图所示。

步骤 **03** 在饼图上右击，在弹出的快捷菜单中选择【设置图表区域格式】选项，如下左图所示。

步骤 **04** 弹出【设置图表区格式】任务窗格，单击【图表选项】下拉按钮，在弹出的下拉列表中选择【系列"比例"】选项，如下右图所示。

步骤 **05** 弹出【设置数据系列格式】对话框，单击【系列选项】按钮，设置【第二绘图区中的值】为【7】，即后 7 个区为"周边城区"，其人口比例要放在小的饼图中，而前 5 个区为"主城区"，其人口比例要放在大的饼图中，单击【关闭】按钮关闭对话框，如下左图所示。

步骤 **06** 双击【图表标题】进入编辑状态，将其更改为"某市区常住人口分布图"，如下右图所示。

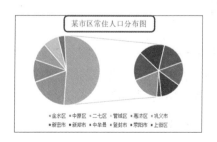

步骤 07 选中图表，单击右侧最上面的【图表元素】按钮，在弹出的下拉列表中选择【数据标签】选项，在弹出的扩展列表中选择【更多选项】选项，如下左图所示。

步骤 08 打开【设置数据标签格式】窗格，选择【标签选项】选项卡，选中【标签包括】栏中的【类别名称】【百分比】和【显示引导线】复选框，并选中【标签位置】栏中的【最佳匹配】单选按钮，如下右图所示。

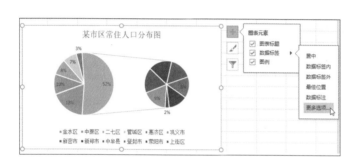 

步骤 09 选中图表标题和所有数据标签，根据需要设置字体大小及颜色，并为图表添加背景，结果如右图所示。

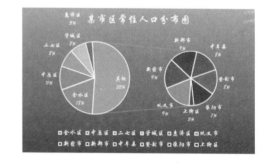

3 创建迷你图

在 Excel 中还有一种图表——迷你图。它是一种小型图表，可以直接放在单个单元格中。经过压缩的迷你图可以直观地显示大量数据集反映的图表。

制作迷你图的具体操作步骤如下。

步骤 01 打开"素材 \ch05\ 商场销售统计分析表 .xlsx"文件，如下图所示。

	A	B	C	D	E
1	销售季度 / 产品类型	第一季度	第二季度	第三季度	第四季度
2	食品	550	450	570	750
3	烟酒	280	220	200	330
4	服饰	460	350	430	600
5	鞋包	320	250	300	380
6	美妆护肤	180	200	170	160
7	日用百货	300	270	290	280

步骤 02 选择 F2：F7 单元格区域，单击【插入】选项卡【迷你图】组中的【折线图】按钮，如下左图所示。

步骤 03 弹出的【创建迷你图】对话框，在【数据范围】参数框中选择【B2：E7】单元格区域，单击【确定】按钮，如下右图所示。

步骤 04 此时，即可插入迷你图，如下图所示。

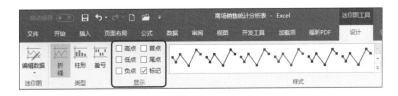

步骤 05 选中【迷你图工具–设计】选项卡【显示】组中的【标记】复选框，让图表中产生标记，如下图所示。

步骤 06 单击【迷你图工具–设计】选项卡【样式】组中的【迷你图颜色】和【标记颜色】按钮，修改迷你图颜色和迷你图中的标记，如下图所示。

步骤 07 最后修改迷你图的背景颜色，结果如下图所示。

	A	B	C	D	E	F
1	销售季度 产品类型	第一季度	第二季度	第三季度	第四季度	
2	食品	550	450	570	750	
3	烟酒	280	220	200	330	
4	服饰	460	350	430	600	
5	鞋包	320	250	300	380	
6	美妆护肤	180	200	170	160	
7	日用百货	300	270	290	280	

④ 制作双纵轴图表

如果两个系列数据值差别较大，在制作折线图时，数值较小的折线会显示为一条在横轴上的直线，此时需要用到双纵轴图表。

制作双纵轴图表的具体操作步骤如下。

步骤 01 打开"素材 \ch05\ 手机销售统计表 .xlsx"文件，选中整个表格，如下左图所示。

步骤 02 单击【插入】选项卡【图表】组中的【插入折线图或面积图】按钮，生成折线图，如下右图所示。

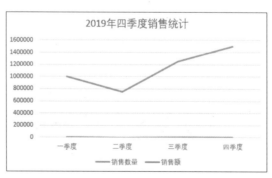

步骤 03 在图表区域右击，在弹出的快捷菜单中选择【设置图表区域格式】选项，如下左图所示。

步骤 04 在弹出的【设置图表区格式】任务窗格中，单击【图表选项】下拉按钮，如下中图所示。

步骤 ⑤ 在弹出的下拉菜单中选择【系列"销售数量"】选项，如下右图所示。

步骤 ⑥ 选择【系列选项】选项，并选中【次坐标轴】单选按钮，表示该系列产生在次坐标轴，如下左图所示。

步骤 ⑦ 这样，一个双纵轴的图表就制作完成了。左侧是"销售额"坐标轴，右侧是"销售数量"坐标轴，如下右图所示。

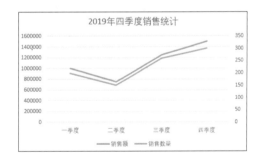

步骤 ⑧ 最后适当地美化图表，结果如右图所示。

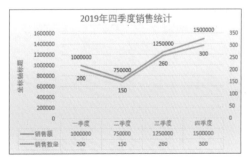

5　制作不等距间隔的折线图

在制作图表时，系统默认水平轴的数据间隔是等距的。在下图所示的例子中，每次时间间隔都是 1 个月，所以制作图表非常方便。

类别	1月	2月	3月	4月	5月	6月
烟酒	280	220	200	330	350	420

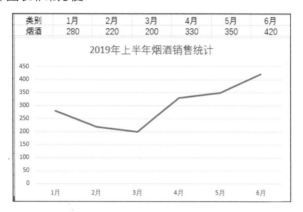

但是，下图所示的这组数据是一位妈妈记录的自己孩子身高的数值，并在特定的时间给孩子吃了一些助生长的药，想将这些数据制作成折线图，以查看药效。

日期	身高	备注
2009/6/12	50	
2010/6/12	74	
2011/6/12	86	
2013/12/8	99.5	开始吃药
2015/2/28	110.5	
2015/7/1	113.6	
2015/9/12	115.7	
2016/2/27	118.2	
2016/6/17	122.1	停止吃药
2017/1/30	125	
2017/4/29	126.9	
2017/12/29	131.8	
2018/4/6	133.5	
2018/6/19	134.9	

直接生成折线图，效果如下图所示。

从上图中可以发现，横坐标轴上的日期与数据表中的日期是不一样的，怎么解决呢？

要解决这个问题，首先需要启动"日期坐标轴"。图表的分类轴有 3 个选项，分别为"根据数据自动选择""文本坐标轴"和"日期坐标轴"。通常情况下，Excel 会默认启用前两个选项，即分类轴上的间距是完全相等的，而只有启动"日期坐标轴"才可以实现让数据源中的数值差来决定间距。

当然，在开始制作图表前，首先要根据需要来修改数据表，具体操作步骤如下。

步骤 **01** 首先，根据作图需要来修改数据表，增加一个辅助列，如下左图所示。

步骤 **02** 然后，生成折线图，注意，此时的折线图是有两个系列的，第二个系列值全为 0，所以第二个折线图就是最下面的那条水平线，如下右图所示。

 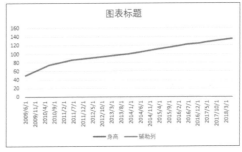

步骤 **03** 双击【坐标轴选项】，在弹出的【设置坐标轴格式】对话框中，展开【坐标轴选项】，将【坐标轴类型】设置为【日期坐标轴】，并设置【边界】和【单位】中的内容，如下左图所示。

步骤 **04** 设置完成后，就会得到一个非常有趣的图表，如下右图所示。

 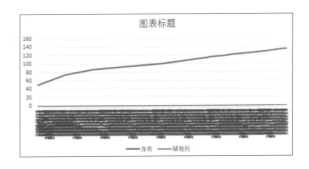

步骤 05 横坐标由于日期太多，出现了日期重叠现象。这里先删除横坐标轴的标签，为辅助列添加【类型名称】标签，并设置为【靠下】，将标签【文字方向】设置为【竖排】，如下图所示。

步骤 06 将辅助列设置为【无线条】，将其隐藏起来，如下左图所示。

步骤 07 添加数据标签，选中【值】和【显示引导线】复选框，如下右图所示。

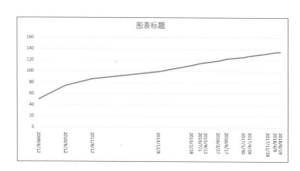 

步骤 08 合理调整数据标签的位置，并添加元素【线条】【垂直线】，修改标题，效果如下图所示。

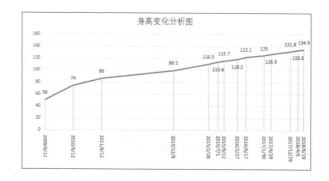

步骤 **09** 将"2013/12/8"的数据标签修改为"开始吃药,99.5",将"2016/6/17"的数据标签修改为"停止吃药,122.1",并将两点之间的折线设置为红色,如下图所示。

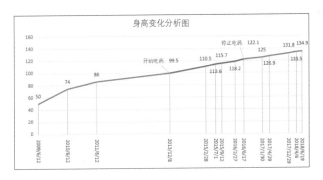

步骤 **10** 去掉网格线,为"身高"系列添加线性趋势线,如下左图所示。

步骤 **11** 结果如下右图所示,从图中可以看出,吃药还是有一定效果的。

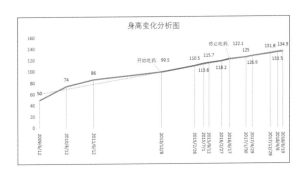

6 制作 3D 魔方图

普通图表制作起来很轻松,但不能凸显自己的水平。下图所示的例子是一个 3D 魔方图,其制作的操作步骤如下。(素材 \ch05\5.5.6.xlsx)

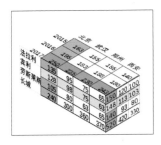

步骤 01 修改数据格式，如下图所示。

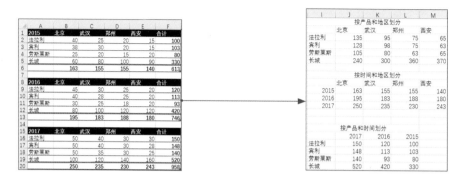

步骤 02 根据需要合理着色，并设置列宽为5，如下图所示。

按产品和地区划分			
	北京	武汉	郑州	西安
法拉利	135	95	75	65
宾利	128	98	75	63
劳斯莱斯	105	80	63	65
长城	240	300	360	370

按时间和地区划分			
	北京	武汉	郑州	西安
2015	163	155	155	140
2016	195	183	188	180
2017	250	235	230	243

按产品和时间划分			
	2017	2016	2015
法拉利	150	120	100
宾利	148	113	103
劳斯莱斯	140	93	80
长城	520	420	330

步骤 03 复制每个表，然后粘贴为【链接的图片】，如下左图所示

步骤 04 在【设置图片格式】窗格中调整第一张图片的角度，如下中图所示。

步骤 05 调整第一张图片角度后的效果，如下右图所示。

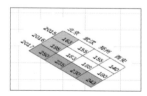

步骤 06 调整第二张图片的角度，如下图所示。

步骤 07 调整后的效果如下右图所示。

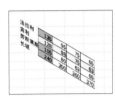

步骤 **08** 调整第三张图片的角度，如下左图所示。

步骤 **09** 调整后的效果如下右图所示。

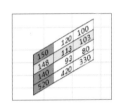

此时，图片中的数据与表格中是相关联的，如果修改数据，图片会发生相应的变化。然后将其合理摆放，并根据需要适当修改表格中的格式即可，效果如下图所示。

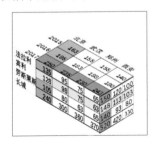

7 层叠柱形图的设计

在"销售业绩表"中，如果既有年初的销售"计划"，又有年底的"全年销售额"，可以生成层叠柱形图制造透明效果，以展示年底销售计划完成情况，具体操作步骤如下。

步骤 **01** 同时选中【姓名】【计划】和【全年销售额】3 列数据，单击【插入】选项卡【图表】组中的【插入柱形图或条形图】按钮，在弹出的下拉菜单中选择【簇状柱形图】选项，如下图所示。

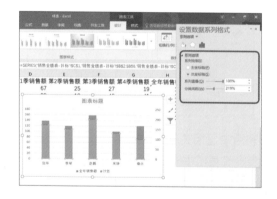

步骤 **02** 双击蓝色"计划"柱形，弹出【设置数据系列格式】对话框，在【系列选项】中设置【系列重叠】值为"100%"，则"计划"和"全年销售额"两个柱形重合；设置【系列绘制在】为【次坐标轴】。这时，在图表区域的右侧出现"次 Y 轴"，并且它的值域与左边的"主 Y 轴"不同，如下图所示。

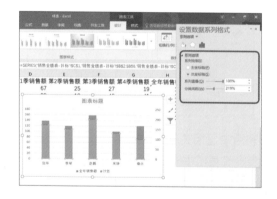

步骤 **03** 可以设置"次 Y 轴"的值域为【0~180】，也可以将其删除，只用"主 Y 轴"说明销售金额。单击【次 Y 轴】，按【Delete】键删除。设置【图表区】为紫色，修改图表标题为"销售计划完成情况图"，设置【标题】【Y 轴数值】【X 轴姓名】【图例】的字体均为【加粗】【白色】，如右图所示。

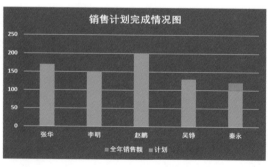

步骤 **04** 右击"计划"柱形，在弹出的快捷菜单中选择【设置数据系列格式】选项，弹出【设置数据系列格式】窗格，选择【填充与线条】选项卡，设置【填充】为【无填充】、【边框】为【实线】、【颜色】为【黄

色】、【宽度】为【1.5 磅】，如下左图所示。

步骤 05 设置结束，关闭对话框，即可展示一个"计划"和"实际完成"的销售额相层叠的柱形图，如下右图所示，图中每个人的销售计划完成情况一目了然。

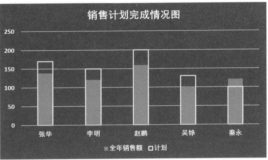

8 数据行列转换图表的设计

在"销售业绩表"中，不仅要展示每个季度所有业务员的销售额对比情况，而且要显示出每个季度所有业务员的平均销售额。

制作数据行列转换图表的具体操作步骤如下。

步骤 01 选中 B1:F6 单元格区域，插入【簇状柱形图】，如右图所示。

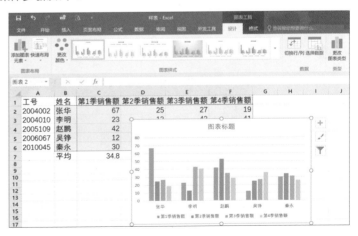

步骤 ② 单击图表，在【设计】选项卡【数据】组中单击【切换行 / 列】按钮，如下图所示。

步骤 ③ 选中图表，在【设计】选项卡【数据】组中单击【选择数据】按钮，如下图所示。

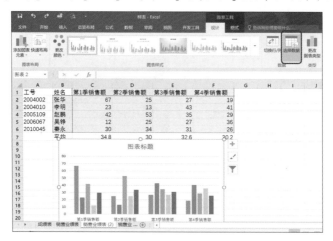

步骤 ④ 弹出【选择数据源】对话框，单击【添加】按钮，如右图所示。在弹出的【编辑数据系列】对话框中设置【系列名称】为"B7"单元格，【系列值】为"C7:F7"单元格区域，并保存设置。

步骤 ⑤ 选择图表，单击【设计】→【类型】→【更改图表类型】按钮，如下图所示。

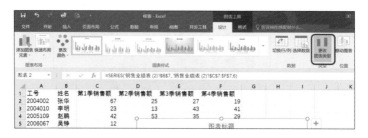

步骤 ⑥ 在打开的【更改图表类型】对话框中的【所有图表】选项卡中选择左侧的【组合】图标，在右侧【为

您的数据系列选择图表类型和轴】列表框中设置【平均】为【折线图】，同时选中【次坐标轴】复选框，保存设置，如下图所示。

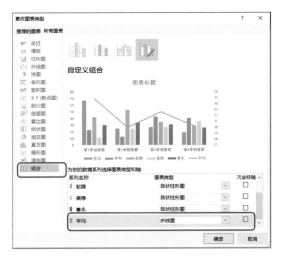

步骤 07 删除右侧的"次 Y 轴"，把"主 Y 轴"的最大值设置为【70】，删除"主 Y 轴"。修改图表标题为"销售业绩统计图"，并将字体加粗。同时把 X 轴、图例中的文本字体加粗，把图例移动到标题下方，则"绘图区"向下移动。设置"平均"线为红色，"图表区"为浅绿色，如下左图所示。

步骤 08 最后设置显示"数据标签"位置为【轴内侧】，数字颜色为【白色】。把"平均"线的图表类型更改为【带数据标记的折线图】，并拖动每个季度的"平均销售额"标签到合适位置，将其字体加粗并改为红色，如下右图所示。

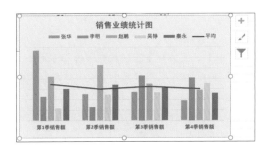

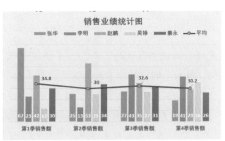

⑨ 动态柱形图形的设计

在"销售业绩表"中，如果想每次展示一个季度所有员工的销售业绩，并且在一个图中可以随机选择季度，可以使用动态图表，具体操作步骤如下。

步骤 **01** 添加"控件"列表框，可以让用户在列表框中选择要展示的季度。在【开发工具】选项卡中单击【插入】下拉按钮，选择【列表框】控件，在工作表中拖动鼠标绘制一个列表框，如右图所示。

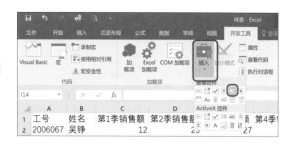

步骤 **02** 在 I 列设计一个在列表框中显示季度选项值的辅助列，输入"第1季、第2季、第3季、第4季、全年"。右击【列表框】，在弹出的快捷菜单中选择【设置控件格式】选项，如下左图所示，弹出【设置对象格式】对话框。

步骤 **03** 选择【控制】选项卡，设置【数据源区域】为【$I$2:$I$6】、【单元格链接】为【$I$1】，单击【确定】按钮，列表框中就有了选项，如下右图所示。右击【列表框】控件，可以对其外形大小进行编辑。

步骤 **04** 定义引用数据区域的名称。在【公式】选项卡中单击【定义名称】下拉按钮，选择【定义名称】选项，弹出【编辑名称】对话框，设置【名称】为【季度】，在【引用位置】中输入公式【=INDEX(动态!$C$2:$G$6,,$I$1)】，单击【确定】按钮，如下左图所示。如果在列表框中选中【第2季】，因为"第2季"是列表框中5个数据的第2个数据项，所以用 INDEX 函数定位到 C2:G6 单元格区域中的第2列"D2:D6"上，即第2季度数据列，图表中即只显示该季的柱形图。

步骤 **05** 插入柱形图。选中 B1:C6 单元格区域，插入柱形图。把图表标题修改为"季度销售额"，把列表框移动到图表区的右上角，美化图表区的背景，修改 Y 轴最大值为【160】，因为显示全年销售额时数值比较大，如下右图所示。

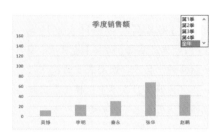

步骤 06 选中图表，在【设计】选项卡中单击【选择数据】按钮，弹出【选择数据源】对话框，选中【第1季销售额】复选框，单击【编辑】按钮，如下左图所示。

步骤 07 弹出【编辑数据系列】对话框，在其中设置【系列名称】为【="季度"】、【系列值】为【=样表.xlsx!季度】（刚才定义的名称），单击【确定】按钮，如下右图所示。

步骤 08 一个按季度可以动态显示的销售额图表制作完成，如右图所示。

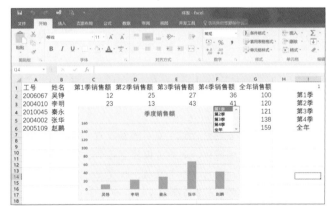

⑩ 雷达图的设计

在"成绩表"中，使用雷达图可以展示出每位学生C语言、英语、高数三门课程的成绩对比情况，具体操作步骤如下。

步骤 **01** 同时选中【姓名】【C语言】【高数】【英语】4列数据，单击【插入】选项卡【图表】组中的【插入曲面图或雷达图】按钮，在弹出的下拉菜单中选择【带数据标记的雷达图】选项，如右图所示。

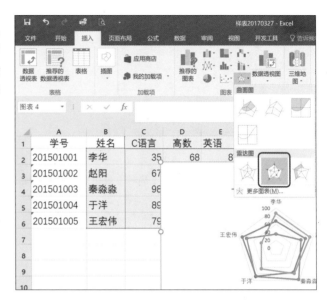

步骤 **02** 美化图表，修改图表标题。从雷达图上可以显示出每个人的强势科目和弱势科目，如右图所示。

步骤 **03** 把"学生成绩分析图"复制一份放右侧，单击绘图区，选择【设计】选项卡中的【切换行/列】选项，改变分析为对所有学生各门课程成绩的对比，如右图所示。

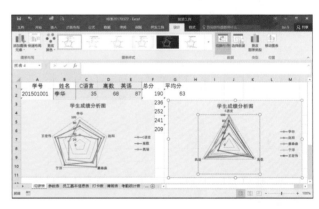

雷达图适合对一个或少量的几个对象在少量的几个项目上进行对比，比较的对象在雷达图内部用连线连接数据顶点，比较的项目（方面、系列）在外侧四周顶点上，内部对象顶点越靠近外部顶点说明数值越大，表示情况越好；越靠近中心点说明数值越小，表示情况越糟糕。

11　排列柱形图的设计

在对"成绩表"中各科成绩用柱形图高低比较大小时，除了可以让矩形柱统一落在 X 轴上，也可以每隔一定的高度单独显示一门课程成绩的矩形柱进行比较。这种方法需要设计每门课程成绩的辅助列，让"原成绩 + 辅助列 =100 分"，即让每门课程成绩的柱形所占高度统一为 100，其原理是设计成堆积图，然后把图中表示辅助列的数据块隐藏，其余显示出来的数据块即为三门课程的原始成绩，具体操作步骤如下。

步骤 01 添加"C 语言""高数"课程的辅助列，"英语"不需要添加辅助列，如下图所示。

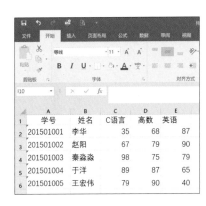 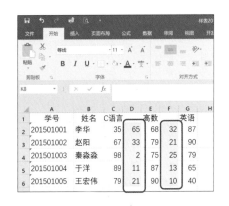

步骤 02 选中 B1:G6 单元格区域，单击【插入】选项卡【图表】组中的【插入柱形图或条形图】按钮，在弹出的下拉菜单中选择【三维堆积柱形图】选项。但这并不是想要的，需要在 Y 轴上展示每个学生同一门课程的成绩比较，即 X 轴上显示学生，Y 轴上显示每门课程的成绩。所以，要把现在图表中的行、列进行转置，如右图所示。

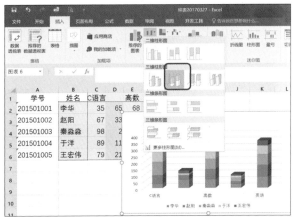

步骤 03 选择图表，单击【设计】选项卡中的【切换行／列】按钮，如右图所示。

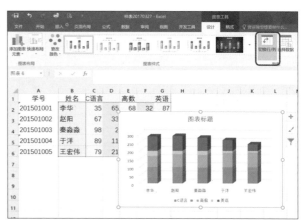

步骤 04 分别选中两个辅助列柱形块，即图中为黄色和橘色的矩形块，将其【填充色】设置为【无填充】，其余部分即为三门课程成绩柱形，且它们在同一水平网格线上，这样即可对它们进行对比，如右图所示。

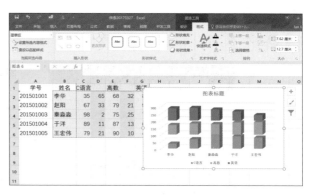

步骤 05 修改图表标题为"成绩分析图"，添加【数据标签】，同时删除辅助列的数据标签，设置样式，修改柱形块和标签的颜色，加粗字体、放大字号，修改 X 轴和 Y 轴的旋转角度等，如下图所示。

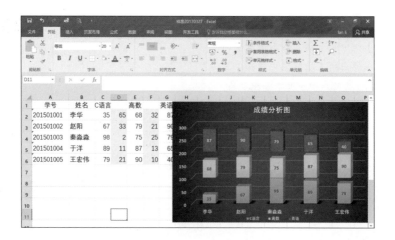

平时设计的图表基本是基础图表，如果要把它设计得"高大上"，让人眼前一亮，就需要掌握一些高级技巧，下面详细进行介绍。

（1）设计一个双 Y 轴图表，左右两边的 Y 轴分别用来标记不同类型的数据，这样就可以直观地反映出多组数据的变化趋势了。

如果想在销售业绩统计图中同时反映每个人完成年初计划的比例，可以在图表中用左 Y 轴表现每个人累计的销售额，用右 Y 轴表现每个人完成计划的比例情况（左右 Y 轴单位是不同的），如下图所示。

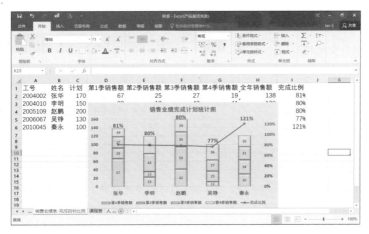

设计这个图表有以下两个方法。

① 用组合图。把第 1~第 4 季销售额用堆积柱形图表现，作为主 Y 轴放左边；完成比例用带点折线图表现，作为次 Y 轴放右边。

② 先用堆积柱形图把每个人的销售额显示出来，并且销售额作为主 Y 轴；然后添加数据系列"完成比例"，选择带点的折线图，作为次 Y 轴。

图表设计出来后再调整标题、标签、Y 轴值、X 轴值、图例的格式，改变 Y 轴的最大值、标签的位置、图表背景颜色等，所需的信息都会简洁、美观地展现。

上图中，次 Y 轴上的数字是分色的，这样完成业绩的高低数字区域一清二楚。如果要突出哪个区域就把哪个区域的数值颜色设计醒目即可。将鼠标指针指向次 Y 轴，在其上右击，在弹出的快捷菜单中选择【设置坐标轴格式】选项。在设置框中设置【数字】的【类别】【类型】。【类别】设置为【自定义】，【类型】要在下面的【格式代码】框中填写【[红色][>=1]0%;[蓝色][<0.6]0%;0%】，单击【添加】按钮把定义好的格式赋值给【类型】即可，效果如下图所示。

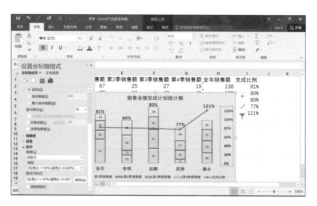

（2）设计一个带有悬空效果的销售业绩统计图（也称瀑布图），表现汇总数据中包含了哪些数据项，每个数据项有多少，具体操作步骤如下。

步骤 **01** 对销售业绩进行全年的汇总，如右图所示。

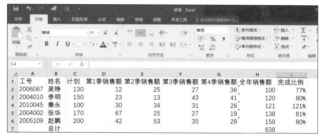

步骤 **02** 同时选中 B2:B7 和 H2:H7 单元格区域，在【插入】选项卡中选择【瀑布图】类型的图表。双击"总计"柱形，系统弹出【设置数据点格式】对话框。在【系列选项】中选中【设置为总计】复选框，如下图所示。

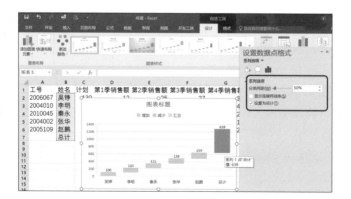

步骤 **03** 修改图表标题为"全年销售业绩统计图"，添加"图表区"的背景色，一个简洁、美观的瀑布图就制作完成了，如右图所示。

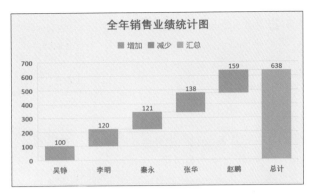

5.6 让图表动起来

教学视频

制作动态图表的方式有很多种，这里介绍一种简单的筛选动态图表的方法，具体操作步骤如下。

步骤 **01** 打开"素材\ch05\家电销售统计分析表.xlsx"文件，如下图所示。

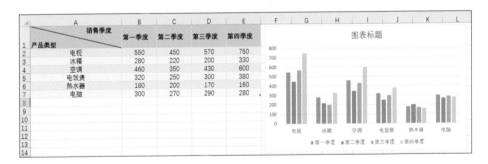

步骤 **02** 单击【数据】选项卡【排序和筛选】组中的【筛选】按钮，如右图所示。

步骤 **03** 数据表进入筛选状态，如右图所示。

步骤 **04** 在"产品类型"中筛选出"电视"，如右图所示。

步骤 **05** 即可得到只统计"电视"的图表，如下图所示。

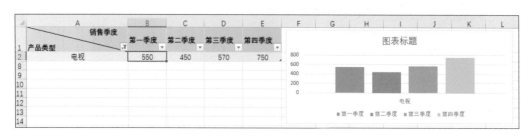

若需要图表展示其他数据，改变其筛选条件，动态图表也会随之美化。

 高手自测

本章主要介绍了图表的相关操作，在结束本章内容之前，不妨先测试下本章的学习效果，打开"素材\ch05\高手自测.xlsx"文件，在5个工作表中分别根据要求完成相应的操作，若能顺利完成，则表明已经掌握了本章的知识，否则就要重新认真学习本章的内容后再学习后续章节。

 高手点拨

（1）打开"素材\ch05\高手自测.xlsx"文件，在"高手自测1"工作表中根据表中提供的数据创建饼图，并对创建的图表进行美化，如下图所示。

	A	B
1	月份	占比
2	第1组	20%
3	第2组	34%
4	第3组	46%

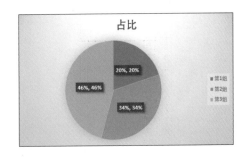

（2）打开"素材\ch05\高手自测.xlsx"文件，在"高手自测2"工作表中根据表中提供的数据创建柱形图，并对创建的图表进行美化，如下图所示。

	A	B
1	月份	项目A
2	1月	263
3	2月	447
4	3月	599
5	4月	621

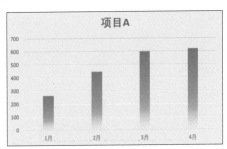

（3）打开"素材\ch05\高手自测.xlsx"文件，在"高手自测3"工作表中包含源数据及创建的柱形图，在原柱形图中添加数据，显示新数据系列，如下图所示。

	A	B	C
1	月份	项目A	项目B
2	1月	263	844
3	2月	447	761
4	3月	599	705
5	4月	621	763

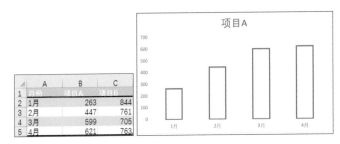

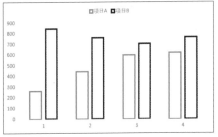

（4）打开"素材\ch05\高手自测.xlsx"文件，在"高手自测4"工作表中根据表中提供的数据创建折线图，并对创建的图表进行美化，如下图所示。

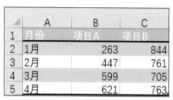

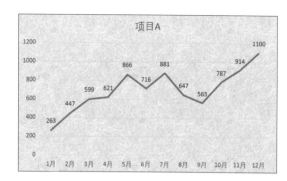

（5）打开"素材 \ch05\ 高手自测 .xlsx"文件，在"高手自测 5"工作表中添加数据标签并美化图表，如下图所示。

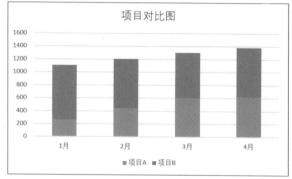

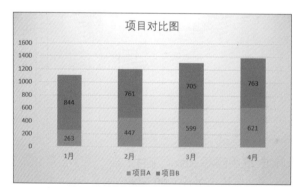

6

高手暗箱：分析数据游刃有余

数据分析是 Excel 处理数据的重头戏，主要是用适当的统计分析方法对收集来的大量数据进行分析，提取有用信息并形成结论，从而对数据进行详细研究和概括总结。Excel 中常用的分析数据的方法包括排序、筛选、合并计算、分类汇总、创建数据透视表等。

6.1 数据分析的四大绝技之一：排序

教学视频

排序是指按照指定的顺序将数据重新排列，是分析数据的一种重要手段，如下图所示。

序号
6
3
5
2
1
4

序号
1
2
3
4
5
6

对于很多人而言，排序可能只是对数值进行排序，其实，还有很多其他方式的排序，例如，汉字按拼音首字母排序，如下图所示。

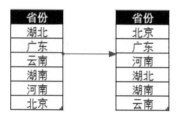

空格也能参与排序，如下图所示。

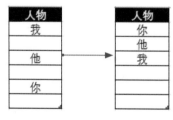

在 Excel 中，格式也能排序，如下图所示。

分数
98
85
65
100
90
45

分数
85
100
90
98
65
45

Excel 中的数据主要可以分为数字和文本两种类型，不同类型的数据有不同的特点，所以，它们在排序的方式上也会不同。

1　数字排序

数字的排序一般都是按照数值大小来进行的，如下图所示。

2　文本排序

文本内容一般是按照英文字母的顺序或汉语拼音的顺序来进行排序的，如下图所示。如果有多个字符，则从左到右按字符进行比较，先比较第一个字符，如果相同再比较第二个字符，以此类推，直到比较出大小关系。

3　混合型数据排序

混合型数据是指既有文本又有数字的数据，这时一般是按照从左到右的顺序进行比较，数字按数字的规则，文本按文本的规则，如下图所示。

文本-数字		文本-数字		数字-文本		数字-文本
计科5	→	计科4		54会计	→	32会计
计科4		计科5		32会计		32人事
网工6		软工3		78人事		54会计
网工2		软工4		32人事		54销售
软工4		网工2		54销售		78人事
软工3		网工6		95销售		95销售

4 逻辑型数据排序

汉语中有一些传统的顺序关系，如"甲乙丙丁""子丑寅卯"等，它们也是可以排序的，如下图所示。

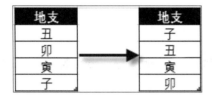

5 汉字排序

汉字排序默认按汉语拼音排序，也可以按笔画来排序，如下图所示。

汉字		汉字		汉字		汉字
喜欢	汉语拼音	高兴		喜欢	笔画	这书真好
高兴	→	快乐		高兴	→	快乐
幸福		温馨		幸福		幸福
快乐		喜欢		快乐		高兴
温馨		幸福		温馨		喜欢
这书真好		这书真好		这书真好		温馨

注意，还要提防不合理的数据，如下图所示，看上去是数字，其实在单元格左上角还有一个三角形标志，它们其实是字符型数据，但是 Excel 2016 仍然能够将它们按照数字进行识别，然后按数字进行排序。

假数字		假数字		假数字		假数字
12	→	12		10	→	1
35		26		1		10
26		32		102		102
32		35		123		123
100		100		1111		1111

6.1.2 排序的操作

排序数据时原来数据的顺序会发生变化，所以在排序前要注意以下事项，防止出错或数据混乱。

1 数据不可以合并单元格

需要进行排序的数据源切记不能合并单元格，否则就会报错。例如，想要将下面的数据按照"日销售额"进行降序排列，如下图所示。

2 数据要规范

一般情况下，不管是数字还是文本，Excel 都能识别并正确排序。但数字前、中、后均不能出现空格。如下图所示，需要按照"产品类别"进行排序，但是，由于部分内容中含有空格，因此，结果有点混乱。

序号	产品名称	产品类别	日销售额
1	xx洗衣液	生活用品	70
2	xx香皂	生活用品	14
3	xx纸巾	生活用品	10
4	xx薯片	休闲零食	96
5	xx糖果	休闲零食	40
6	xx牛奶	饮料	300
7	xx矿泉水	饮料	90
8	xx笔记本	学习用品	50
9	xx圆珠笔	学习用品	8
10	xx晾衣架	生活用品	45
11	xx火腿肠	休闲零食	24
12	xx方便面	休闲零食	120
13	xx红茶	饮料	36
14	xx绿茶	饮料	33
15	xx盐	调味品	6
16	xx鸡精	调味品	10
17	xx垃圾袋	生活用品	48
18	xx酸奶	饮料	30

序号	产品名称	产品类别	日销售额
8	xx笔记本	学习用品	50
12	xx方便面	休闲零食	120
3	xx纸巾	生活用品	10
1	xx洗衣液	生活用品	70
2	xx香皂	生活用品	14
10	xx晾衣架	生活用品	45
17	xx垃圾袋	生活用品	48
15	xx盐	调味品	6
16	xx鸡精	调味品	10
4	xx薯片	休闲零食	96
5	xx糖果	休闲零食	40
11	xx火腿肠	休闲零食	24
9	xx圆珠笔	学习用品	8
6	xx牛奶	饮料	300
7	xx矿泉水	饮料	90
13	xx红茶	饮料	36
14	xx绿茶	饮料	33
18	xx酸奶	饮料	30

对于这种情况，可使用【Ctrl+H】组合键调出替换对话框，在【查找内容】文本框中输入一个空格，在【替换为】文本框中不输任何内容，再单击【全部替换】按钮，把所有空格替换掉，然后再进行排序，如下图所示。

序号	产品名称	产品类别	日销售额
1	xx洗衣液	生活用品	70
2	xx香皂	生活用品	14
3	xx纸巾	生活用品	10
4	xx薯片	休闲零食	96
5	xx糖果	休闲零食	40
6	xx牛奶	饮料	300
7	xx矿泉水	饮料	90
8	xx笔记本	学习用品	50
9	xx圆珠笔	学习用品	8
10	xx晾衣架	生活用品	45
11	xx火腿肠	休闲零食	24
12	xx方便面	休闲零食	120
13	xx红茶	饮料	36
14	xx绿茶	饮料	33
15	xx盐	调味品	6
16	xx鸡精	调味品	10
17	xx垃圾袋	生活用品	48
18	xx酸奶	饮料	30

序号	产品名称	产品类别	日销售额
3	xx纸巾	生活用品	10
1	xx洗衣液	生活用品	70
2	xx香皂	生活用品	14
10	xx晾衣架	生活用品	45
17	xx垃圾袋	生活用品	48
15	xx盐	调味品	6
16	xx鸡精	调味品	10
12	xx方便面	休闲零食	120
4	xx薯片	休闲零食	96
5	xx糖果	休闲零食	40
11	xx火腿肠	休闲零食	24
8	xx笔记本	学习用品	50
9	xx圆珠笔	学习用品	8
6	xx牛奶	饮料	300
7	xx矿泉水	饮料	90
13	xx红茶	饮料	36
14	xx绿茶	饮料	33
18	xx酸奶	饮料	30

③ 不让"序号"也排序

有时候，在排序时发现序号也参与了排序，并且序号变得很乱，如下图所示。

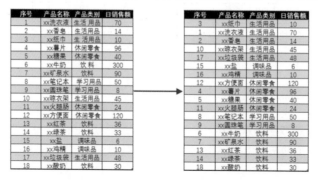

那么如何才能让序号不参与排序呢？只需要选择要排序的单元格区域并只对这部分数据排序

即可，如下图所示。

序号	产品名称	产品类别	日销售额
1	xx洗衣液	生活用品	70
2	xx香皂	生活用品	14
3	xx纸巾	生活用品	10
4	xx薯片	休闲零食	96
5	xx糖果	休闲零食	40
6	xx牛奶	饮料	300
7	xx矿泉水	饮料	90
8	xx笔记本	学习用品	50
9	xx圆珠笔	学习用品	8
10	xx晾衣架	生活用品	45
11	xx火腿肠	休闲零食	24
12	xx方便面	休闲零食	120
13	xx红茶	饮料	36
14	xx绿茶	饮料	33
15	xx盐	调味品	6
16	xx鸡精	调味品	10
17	xx垃圾袋	生活用品	48
18	xx酸奶	饮料	30

→

序号	产品名称	产品类别	日销售额
1	xx洗衣液	生活用品	70
2	xx香皂	生活用品	14
3	xx纸巾	生活用品	10
4	xx晾衣架	生活用品	45
5	xx垃圾袋	生活用品	48
6	xx盐	调味品	6
7	xx鸡精	调味品	24
8	xx薯片	休闲零食	96
9	xx糖果	休闲零食	40
10	xx火腿肠	休闲零食	24
11	xx方便面	休闲零食	120
12	xx笔记本	学习用品	50
13	xx圆珠笔	学习用品	8
14	xx牛奶	饮料	300
15	xx矿泉水	饮料	90
16	xx红茶	饮料	36
17	xx绿茶	饮料	33
18	xx酸奶	饮料	30

4 数据源要有标题行

如果数据源没有标题行，那么系统会自动将第一行设置为标题行，此时，该行就不会参与排序，如下图所示。

解决方法是添加一个标题行或伪标题行，如下图所示。

如果数据不连续，进行快速排序的时候，不连续的部分不会参与排序，如下图所示。

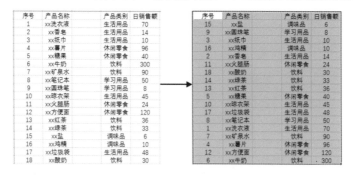

解决方法是删除空行和空列，或者选中全部排序内容，单击【排序】按钮进行排序，如下图所示。

6.1.3　排序的注意事项

排序包括一键排序、多条件排序、自定义排序等多种方式。

1　一键快速排序

一键快速排序是人们经常使用的简单排序，它具有操作简单、快速的特点，以下将以"超市日销售报表"为例演示一键快速排序的过程。

打开"素材 \ch06\ 排序 .xlsx"文件。选中要排序关键字所在列的任意单元格，例如，按"日销售额"排序，如下图所示。

一键快速排序的方法有如下两种。

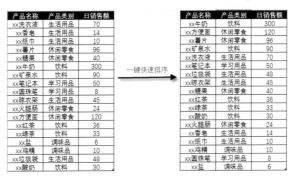

一键快速排序

方法一：选中"日销售额"字段中的任意单元格，单击【数据】选项卡下【排序和筛选】组中的【降序】按钮

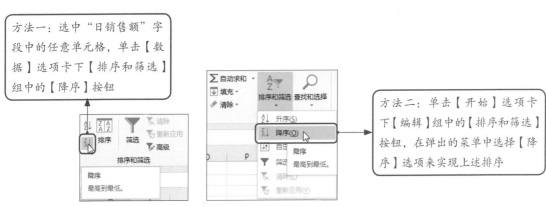

方法二：单击【开始】选项卡下【编辑】组中的【排序和筛选】按钮，在弹出的菜单中选择【降序】选项来实现上述排序

2 多条件排序

前面介绍的是按照某一条件进行排序，其实，排序也可以按照多个条件进行。要按照"产品类别"排序，产品类别相同时按"日销售额"进行排序，此时就是多条件排序，如下图所示。

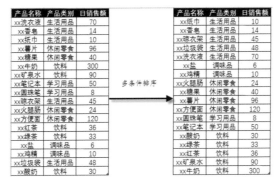

多条件排序

打开"素材 \ch06\ 排序 .xlsx"文件。选中所要排序关键字所在列的任意单元格，例如，按"产

品类别"和"日销售额"排序,具体操作步骤如下。

步骤 01 单击【数据】选项卡下【排序和筛选】组中的【排序】按钮,如右图所示。

步骤 02 在弹出的【排序】对话框中分别设置排序的【主要关键字】和【次要关键字】。然后单击【确定】按钮即可,如右图所示。

> **提示:** 如果需要按更多的条件进行排序,只需要单击【添加条件】按钮进行设置即可。

③ 自定义排序

Excel 可以按照数值进行排序,也可以按照字符进行排序,还可以按照自然习惯进行排序,如"春夏秋冬"。当然,除此以外,Excel 2016 也具有自定义排序功能,用户可以按照所需设置自定义排序序列。例如,将"排序表"按照"产品类别"排序,排序结果如下图所示,具体操作步骤如下。

步骤 01 单击【数据】选项卡下【排序和筛选】组中的【排序】按钮,如右图所示。

步骤 02 在弹出的【排序】对话框中设置【主要关键字】为【产品类别】,【排序依据】为【数值】,单击【次序】下拉按钮,在弹出的下拉列表中选择【自定义序列】选项,然后单击【确定】按钮,如右图所示。

步骤 03 弹出【自定义序列】对话框,在【输入序列】文本框中输入所需的排序序列,每项条目间用【Enter】键换行。输入完成后,单击【添加】按钮,在左侧的【自定义序列】列表框中就会出现刚才添加的序列,然后单击【确定】按钮,如右图所示。

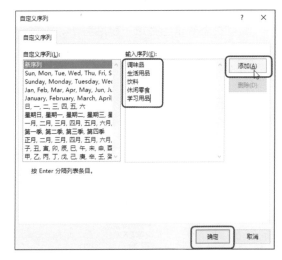

步骤 04 返回【排序】对话框,单击【确定】按钮,如右图所示。

6.2 数据分析的四大绝技之二:筛选

如果手中有一张几万条数据的表,而只需要其中几条数据,如何能快速找到所需要的信息呢?在处理数据时,会经常用到数据筛选功能来查看一些特定的数据。

不同类型的数据，所支持的筛选类型不同，下面分别介绍。

1 文本类型的筛选

文本类型数据的筛选，包括等于、不等于、开头是、结尾是、包含、不包含等筛选类型，如下图所示。

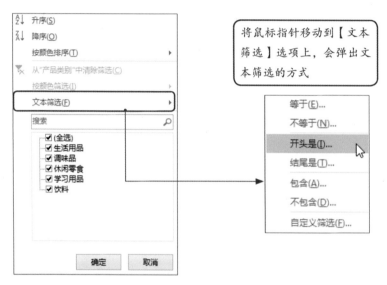

将鼠标指针移动到【文本筛选】选项上，会弹出文本筛选的方式

2 日期类型的筛选

日期类型数据的筛选，包括等于、之前、之后、介于、今天、明天、下周、本月、下季度、明年等与时间相关的筛选类型，如下图所示。

3 数字类型的筛选

数字类型的筛选，包括大于、等于、小于、介于、低于平均值等筛选类型，如下图所示。

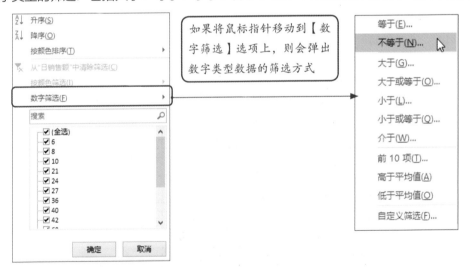

6.2.2 筛选的操作

要使用筛选功能，就要先掌握筛选的常用操作。

1 一键打开筛选状态

默认情况下，筛选开关是关闭的，如果需要筛选，需要手动打开筛选开关，具体操作步骤如下。

步骤 01 单击【数据】选项卡【排序和筛选】组中的【筛选】按钮，如下左图所示。

步骤 02 即可进入筛选状态。默认情况下，打开筛选状态后会在数据区域的首行显示筛选器，如下右图所示。

	A	B	C	D	E	F	G	H
1	序号 ▼	产品编 ▼	产品名 ▼	产品类 ▼	销售数 ▼	销售单 ▼	日销售 ▼	销售日 ▼
2	20005	SH005	xx洗衣液	生活用品	5	35	175	3月5日
3	20012	SH012	xx香皂	生活用品	3	7	21	3月5日

提示： 如果需要关闭筛选状态，只需要再次单击【筛选】按钮即可。

打开筛选状态，并不代表已完成了筛选操作。只是表示可以进行筛选操作了。

2 直接利用复选框筛选

只需要简单的筛选时，则用到一键添加筛选。打开"素材 \ch06\ 筛选 .xlsx"文件，假设需要筛选出所有的"生活用品"，如下图所示。

序号	产品编号	产品名称	产品类别	销售数量	销售单价	日销售额	销售日期
20005	SH005	xx洗衣液	生活用品	5	35	175	3月5日
20012	SH012	xx香皂	生活用品	3	7	21	3月5日
20007	SH007	xx纸巾	生活用品	12	2	24	3月5日
30033	XX033	xx薯片	休闲零食	8	12	96	3月5日
30056	XX056	xx糖果	休闲零食	15	4	60	3月5日
20054	YL054	xx牛奶	饮料	5	60	300	3月5日
20058	YL058	xx矿泉水	饮料	30	3	90	3月5日
40021	XY024	xx笔记本	学习用品	2	5	10	3月5日
40015	XY015	xx圆珠笔	学习用品	4	2	8	3月5日
20032	SH032	xx晾衣架	生活用品	2	20	40	3月5日
30017	XX017	xx火腿肠	休闲零食	8	3	24	3月5日
30008	XX008	xx方便面	休闲零食	24	5	120	3月5日
20066	YL066	xx红茶	饮料	12	3	36	3月5日
20076	YL076	xx绿茶	饮料	9	3	27	3月5日
10010	TW010	xx盐	调味品	3	2	6	3月5日
10025	TW025	xx酱油	调味品	2	5	10	3月5日
20046	SH046	xx垃圾袋	生活用品	4	6	24	3月5日
20064	YL064	xx酸奶	饮料	7	6	42	3月5日

↓ 一键筛选 ↓

序号	产品编号	产品名称	产品类别	销售数量	销售单价	日销售额	销售日期
20005	SH005	xx洗衣液	生活用品	5	35	175	3月5日
20012	SH012	xx香皂	生活用品	3	7	21	3月5日
20007	SH007	xx纸巾	生活用品	12	2	24	3月5日
20032	SH032	xx晾衣架	生活用品	2	20	40	3月5日
20046	SH046	xx垃圾袋	生活用品	4	6	24	3月5日

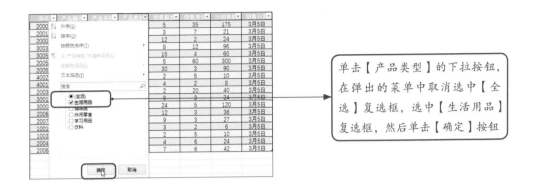

单击【产品类型】的下拉按钮，在弹出的菜单中取消选中【全选】复选框，选中【生活用品】复选框，然后单击【确定】按钮

③ 单一条件的范围筛选

Excel 包含一些常用的条件筛选操作，如筛选大于、小于、前 10 项等，方便用户筛选数据，例如，如下图所示的筛选"日销售额"大于等于 100 的商品，具体操作步骤如下。

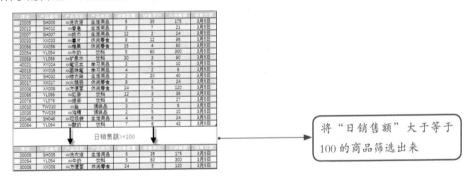

将"日销售额"大于等于 100 的商品筛选出来

步骤 01 单击【日销售额】右边的下拉按钮，在弹出的菜单中选择【数字筛选】→【大于】选项，如右图所示。

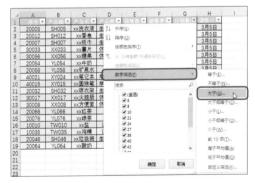

步骤 02 在弹出的【自定义自动筛选方式】对话框中，按下图所示进行设置，然后单击【确定】按钮，即可完成筛选。

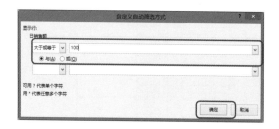

④ 单一条件的精确筛选

如果要筛选出精确的数据，可以使用【等于】选项。打开"素材 \ch06\ 筛选 .xlsx"文件，将"超市日销售报表"中产品编号为"SH007"的记录筛选出来，如下图所示。

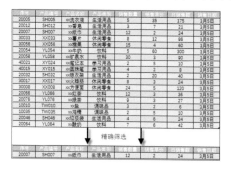

根据前面的操作，在弹出的【自定义自动筛选方式】对话框中的【产品编号】下选择【等于】选项，并在后面输入【SH007】，然后单击【确定】按钮，如下图所示。

⑤ 单一条件的模糊筛选

自定义筛选中也可以使用通配符，例如，想要将表格中的茶类饮料筛选出来，如下图所示。

序号	产品编号	产品名称	产品类别	销售数量	销售单价	日销售额	销售日期
20005	SH005	xx洗衣液	生活用品	5	35	175	3月5日
20012	SH012	xx香皂	生活用品	3	7	21	3月5日
20007	SH007	xx纸巾	生活用品	12	2	24	3月5日
30033	XX033	xx薯片	休闲零食	8	12	96	3月5日
30056	XX056	xx糖果	休闲零食	15	4	60	3月5日
20054	YL054	xx牛奶	饮料	5	60	300	3月5日
20058	YL058	xx矿泉水	饮料	30	3	90	3月5日
40021	XY024	xx笔记本	学习用品	2	5	10	3月5日
40015	XY015	xx圆珠笔	学习用品	4	2	8	3月5日
20032	SH032	xx晾衣架	生活用品	2	20	40	3月5日
30017	XX017	xx火腿肠	休闲零食	8	3	24	3月5日
30008	XX008	xx方便面	休闲零食	24	5	120	3月5日
20066	YL066	xx红茶	饮料	12	3	36	3月5日
20076	YL076	xx绿茶	饮料	9	3	27	3月5日
10010	TW010	xx盐	调味品	3	2	6	3月5日
10035	TW035	xx鸡精	调味品	2	5	10	3月5日
20046	SH046	xx垃圾袋	生活用品	4	6	24	3月5日
20064	YL064	xx酸奶	饮料	7	6	42	3月5日

筛选出最后一个字是"茶"的产品

序号	产品编号	产品名称	产品类别	销售数量	销售单价	日销售额	销售日期
20066	YL066	xx红茶	饮料	12	3	36	3月5日
20076	YL076	xx绿茶	饮料	9	3	27	3月5日

根据前面的操作，在弹出的【自定义自动筛选方式】对话框中的【产品名称】下选择【等于】选项，并在后面输入【* 茶】，然后单击【确定】按钮，如下图所示。

6 按同一数据的两个要求进行筛选

要筛选出满足两个要求的数据，如筛选出 80~200 之间的数据，如下图所示。

序号	产品编号	产品名称	产品类别	销售数量	销售单价	日销售额	销售日期
20005	SH005	xx洗衣液	生活用品	5	35	175	3月5日
20012	SH012	xx香皂	生活用品	3	7	21	3月5日
20007	SH007	xx纸巾	生活用品	12	2	24	3月5日
30033	XX033	xx薯片	休闲零食	8	12	96	3月5日
30056	XX056	xx糖果	休闲零食	15	4	60	3月5日
20054	YL054	xx牛奶	饮料	5	60	300	3月5日
20058	YL058	xx矿泉水	饮料	30	3	90	3月5日
40021	XY024	xx笔记本	学习用品	2	5	10	3月5日
40015	XY015	xx圆珠笔	学习用品	4	2	8	3月5日
20032	SH032	xx晾衣架	生活用品	2	20	40	3月5日
30017	XX017	xx火腿肠	休闲零食	8	3	24	3月5日
30008	XX008	xx方便面	休闲零食	24	5	120	3月5日
20066	YL066	xx红茶	饮料	12	3	36	3月5日
20076	YL076	xx绿茶	饮料	9	3	27	3月5日
10010	TW010	xx盐	调味品	3	2	6	3月5日
10035	TW035	xx鸡精	调味品	2	5	10	3月5日
20046	SH046	xx垃圾袋	生活用品	4	6	24	3月5日
20064	YL064	xx酸奶	饮料	7	6	42	3月5日

同一数据的两个条件

序号	产品编号	产品名称	产品类别	销售数量	销售单价	日销售额	销售日期
20005	SH005	xx洗衣液	生活用品	5	35	175	3月5日
30033	XX033	xx薯片	休闲零食	8	12	96	3月5日
20058	YL058	xx矿泉水	饮料	30	3	90	3月5日
30008	XX008	xx方便面	休闲零食	24	5	120	3月5日

根据前面的操作，在弹出的【自定义自动筛选方式】对话框中的【日销售额】下参照下图进行设置，然后单击【确定】按钮。

提示：*如果需要两个条件同时成立，则选中【与】单选按钮；如果两个条件只需要满足一个即可，就选中【或】单选按钮。例如，如果需要筛选【日销售额】不在 [100, 200] 的记录，也就是【日销售额】小于 100 或者大于 200 的记录，如下图所示。*

7 高级筛选

在一些特殊的情况下需要高级筛选功能，假设现在需要筛选出"销售数量"大于 10 的所有"饮料"，如下图所示，具体操作步骤如下。

序号	产品编号	产品名称	产品类别	销售数量	销售单价	日销售额	销售日期
20005	SH005	xx洗衣液	生活用品	5	35	175	3月5日
20012	SH012	xx香皂	生活用品	3	7	21	3月5日
20007	SH007	xx纸巾	生活用品	12	2	24	3月5日
30033	XXD33	xx薯片	休闲零食	8	12	96	3月5日
30056	XXD56	xx爆果	休闲零食	15	4	60	3月5日
20054	YL054	xx牛奶	饮料	5	60	300	3月5日
20058	YL058	xx矿泉水	饮料	30	3	90	3月5日
40021	XY024	xx笔记本	学习用品	2	5	10	3月5日
40015	XY015	xx圆珠笔	学习用品	4	2	8	3月5日
20032	SH032	xx晾衣架	生活用品	2	20	40	3月5日
30017	XX017	xx火腿肠	休闲零食	8	3	24	3月5日
30008	XX008	xx方便面	休闲零食	24	5	120	3月5日
20066	YL066	xx红茶	饮料	12	3	36	3月5日
20076	YL076	xx绿茶	饮料	9	3	27	3月5日
10010	TW010	xx盐	调味品	3	2	6	3月5日
10035	TW035	xx鸡精	调味品	2	5	10	3月5日
20046	SH046	xx垃圾袋	生活用品	4	6	24	3月5日
20064	YL064	xx酸奶	饮料	7	6	42	3月5日

高级筛选

序号	产品编号	产品名称	产品类别	销售数量	销售单价	日销售额	销售日期
20058	YL058	xx矿泉水	饮料	30	3	90	3月5日
20066	YL066	xx红茶	饮料	12	3	36	3月5日

步骤 **01** 先设置条件，在 "J1:K2" 单元格区域内按下左图设置高级筛选条件。

步骤 **02** 单击【数据】选项卡下【排序和筛选】组中的【高级】按钮，如下右图所示。

步骤 **03** 在弹出的【高级筛选】对话框中设置【列表区域】和【条件区域】，【列表区域】为原数据区域，【条件区域】为步骤 1 中设置的筛选条件区域，然后单击【确定】按钮，如右图所示。

提示： 高级筛选主要用于筛选条件多于两个，或者两个筛选条件之间涉及不止一类数据。例如，如果筛选"日销售额"大于 100 的数据，这是一个条件，可以利用【自定义自动筛选方式】来完成；筛选"日销售额"大于 100 和"日销售额"小于 200 的数据，这虽然是两个条件，但是只涉及"日销售额"这一个数据，也可以利用【自定义自动筛选方式】来完成。但是，如果筛选"日销售额"小于 100、"日销售额"大于 200 及"日销售额"在 [120,150] 的数据，这是 3 个条件，虽然也只涉及"日销售额"这一个数据，但利用【自定义自动筛选方式】是无法完成的，只能使用高级筛选。另外，像上面的例子中，条件涉及"产品类别"和"销售数量"两个数据，这时就只能用高级筛选了。

8 取消筛选

筛选完成后，如果要取消筛选，有两种方法。

方法一：单击【开始】选项卡【编辑】组中的【排序和筛选】按钮，在弹出的菜单中选择【清除】选项即可取消筛选结果，如下左图所示。

方法二：单击【产品类型】下拉按钮，在弹出的菜单中选择【从"产品类别"中清除筛选】选项，然后单击【确定】按钮，如下右图所示。

筛选的注意事项

在制作表格的过程中，经常会用到合并单元格或用空行分隔数据的情况，虽然这样可以让表格看起来更加美观，但对于要用来进行分析的数据来说，却是不合理的操作，会导致出错，因此，将用作数据分析的数据源制作成普通的、不间断的一维表格或二维表格即可。

1 原始数据不能有合并单元格

筛选的原始数据不能含有合并单元格，否则只能筛选出合并部分的第一行数据，如筛选产品类别是"生活用品"后的效果如下图所示。

序号	产品名称	产品类别	日销售额
1	xx洗衣液	生活用品	70
2	xx香皂		14
3	xx纸巾		10
4	xx薯片	休闲零食	96
5	xx糖果	休闲零食	40
6	xx牛奶	饮料	300
7	xx矿泉水	饮料	90
8	xx笔记本	学习用品	50
9	xx圆珠笔	学习用品	8
10	xx晾衣架	生活用品	45
11	xx火腿肠	休闲零食	24
12	xx方便面	休闲零食	120
13	xx红茶	饮料	36
14	xx绿茶	饮料	33
15	xx盐	调味品	6
16	xx鸡精	调味品	10
17	xx垃圾袋	生活用品	48
18	xx酸奶	饮料	30

↓

序号	产品名称	产品类别	日销售额
1	xx洗衣液	生活用品	70
10	xx晾衣架	生活用品	45
17	xx垃圾袋	生活用品	48

解决方法是取消单元格合并，并将数据补充完整。

2　原始数据不能含有空行

筛选时如果原始数据中含有空行，那么空行以后的数据将不进行筛选，如筛选产品类别是"生活用品"后的效果如下图所示。

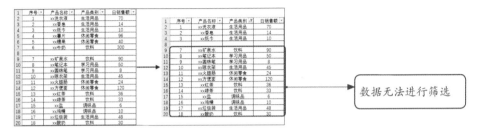

解决方法是删除原始数据中的空行。

6.3　数据分析的四大绝技之三：合并

教学视频

在 Excel 2016 中，如果需要对多个工作表进行处理分析，可以先将数据合并到一个工作表中，然后再进行相关操作。

打开"素材 \ch06\ 合并计算 .xlsx"文件，看到包含如下图所示的 4 个表，将其合并计算的操作步骤如下。

A	B	C
产品	数量	销售金额
洗衣机	583	560000
电冰箱	654	187000
显示器	864	360000
微波炉	359	350000
跑步机	300	400000

北京　武汉　上海

A	B	C
产品	数量	销售金额
跑步机	150	120000
按摩椅	400	300000
空调	320	150000
抽油烟机	260	200000

北京　武汉　上海

A	B	C
产品	数量	销售金额
电冰箱	230	250000
微波炉	360	180000
显示器	100	100000
液晶电视	231	325000

北京　武汉　上海

A	B	C
产品	数量	销售金额
电冰箱	305	320000
显示器	196	100000
液晶电视	274	495000
跑步机	80	120000

… 上海　广州　总表

步骤 **01** 选中"总表"的 A1 单元格，如下左图所示。

步骤 **02** 单击【数据】选项卡下【数据工具】组中的【合并计算】按钮，如下右图所示。

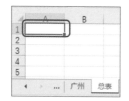 

步骤 **03** 在弹出的【合并计算】对话框中，【函数】选择【求和】，【引用位置】选择"北京"表中的 A1:C6 单元格区域，单击【添加】按钮。用同样的方法添加其他几个表中的数据。然后选中【标签位置】选项区域中的【首行】和【最左列】复选框，如下左图所示。

步骤 **04** 单击【确定】按钮，即可得到合并计算后的结果，可以看到，每种产品的"数量"和"销售金额"都进行了求和计算，如下右图所示。

	A	B	C
1		数量	销售金额
2	洗衣机	583	560000
3	电冰箱	1189	757000
4	显示器	1160	560000
5	微波炉	719	530000
6	液晶电视	505	820000
7	跑步机	530	640000
8	按摩椅	400	300000
9	空调	320	150000
10	抽油烟机	260	200000

6.4 数据分析的四大绝技之四：汇总

教学视频

在日常工作中，经常接触到 Excel 二维数据表格，需要通过表中某列数据字段对数据进行分类汇总，得到汇总结果。需要注意的是，汇总之前需要先排序。

1 快速分类汇总

快速分类汇总是一种分类汇总方式。下面将"超市日销售报表"中的数据按照"产品类别"进行快速分类汇总,如下图所示。其具体操作步骤如下。

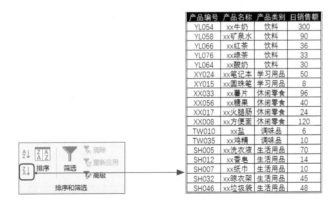

步骤 01 打开"素材 \ch06\ 汇总 .xlsx"文件,选中"产品类别"字段下的任意单元格,然后单击【数据】选项卡下【排序和筛选】组中的【降序】按钮,如下左图所示。

步骤 02 使得数据按照"产品类别"降序排列,效果如下右图所示。

产品编号	产品名称	产品类别	日销售额
YL054	xx牛奶	饮料	300
YL058	xx矿泉水	饮料	90
YL066	xx红茶	饮料	36
YL076	xx绿茶	饮料	33
YL064	xx酸奶	饮料	30
XY024	xx笔记本	学习用品	50
XY015	xx圆珠笔	学习用品	8
XX033	xx薯片	休闲零食	96
XX056	xx糖果	休闲零食	40
XX017	xx火腿肠	休闲零食	24
XX008	xx方便面	休闲零食	120
TW010	xx盐	调味品	6
TW035	xx鸡精	调味品	10
SH005	xx洗衣液	生活用品	70
SH012	xx香皂	生活用品	14
SH007	xx纸巾	生活用品	10
SH032	xx晾衣架	生活用品	45
SH046	xx垃圾袋	生活用品	48

步骤 03 然后单击【数据】选项卡下【分级显示】组中的【分类汇总】按钮,如下左图所示。

步骤 04 在弹出的【分类汇总】对话框中按下右图设置【分类字段】【汇总方式】和【选定汇总项】,然后单击【确定】按钮即可。

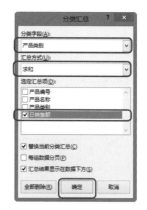

2 显示或隐藏分级显示中的明细数据

显示或隐藏分级显示中的明细数据可以只看自己想看到的分类汇总数据。将分类汇总好的表格中"产品类别"为"饮料"的汇总数据隐藏和显示，如下图所示。

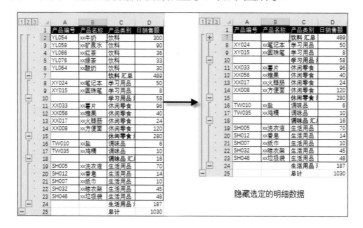

隐藏选定的明细数据

在要隐藏的类别中单击，即选中要隐藏的类别的任意单元格。单击【数据】选项卡下【分级显示】组中的【隐藏明细数据】按钮，此时"饮料"的数据明细就全部被隐藏了

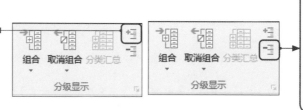

若要显示隐藏的数据，则单击上图表格内的【饮料汇总】单元格后，单击【显示明细数据】按钮即可

③ 分级显示数据

默认情况下，分类汇总会显示3级汇总结果，用户可以根据需要来显示1级或2级汇总结果。此时，只需要分别单击级别中的数字1或2即可，如下图所示。

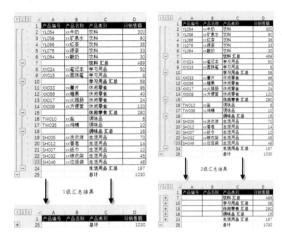

④ 删除分类汇总

当不需要分类汇总时，可以将创建的分类汇总删除，具体操作步骤如下。

步骤 ⓪1 单击【数据】选项卡下【分级显示】组中的【分类汇总】按钮，如右图所示。

步骤 ⓪2 在弹出的【分类汇总】对话框中单击【全部删除】按钮，如右图所示，即可清除分类汇总。

数据透视表的设计

数据透视表是一种交互式的表，可以进行求和与计数等计算。之所以称为数据透视表，是因为它可以动态地改变数据的版面布置，可以按照不同方式分析数据，每次改变版面布置时，数据透视表会立即按照新的布置重新计算数据，如下图所示。如果原始数据发生更改，则可以更新数据透视表。

数据透视表可以在一张很复杂的表中仅统计出需要的部分数据，用起来非常方便。

6.5.1 数据透视表的创建

1 轻松创建数据透视表

创建数据透视表的具体操作步骤如下图所示。（素材 \ch06\6.5 数据透视表 .xlsx）

步骤 **01** 单击【插入】选项卡下【表格】组中的【数据透视表】按钮，如下左图所示。

步骤 **02** 在弹出的【创建数据透视表】对话框的【选择一个表或区域】参数框中选中表1的全部内容，如下右图所示。

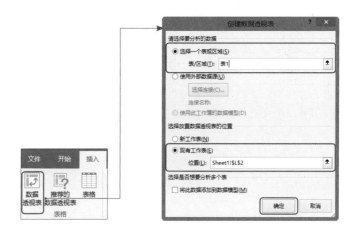

步骤 **03** 即可创建一个空白的数据透视表，效果如下左图所示。

步骤 **04** 将相应字段名拖曳到对应位置，如将【客户】字段拖曳至【行】区域，将【收账款额】拖曳至【值】区域，效果如下右图所示。

② 多级分类汇总与交叉汇总

当分类字段之间存在包含与被包含的关系时，通常采用多级分类汇总，请看下面的例子，如下图所示。（素材 \ch06\6.5-1.xlsx）

	A	B	C	D	E	F	G	H	I
1	工号	姓名	性别	所属部门	类别	产品	单价	数量	销售金额
2	1001	刘A	女	销售部	电器	空调	1800	3	5400
3	1002	孙B	女	销售部	电器	冰箱	2999	4	11996
4	1003	代C	男	销售部	电器	电视	5300	3	15900
5	1004	皮D	女	销售部	电器	摄像机	7999	1	7999
6	1005	李E	男	销售部	办公耗材	A3复印纸	20	110	2200
7	1006	张F	女	销售部	办公耗材	传真纸	12	200	2400
8	1007	王H	男	销售部	办公耗材	打印纸	18	60	1080
9	1008	李I	男	销售部	办公耗材	硒鼓	600	2	1200
10	1009	王k	男	销售部	办公设备	喷墨式打印机	860	3	2580
11	1010	刘X	女	销售部	办公设备	扫描仪	520	2	1040
12	1011	常M	女	销售部	办公设备	复印机	950	2	1900
13	1012	冯N	女	销售部	办公设备	针式打印机	840	1	840

素材文件

步骤 **01** 将【姓名】和【类别】字段拖曳至【行】区域,【销售金额】字段拖曳至【值】区域，效果如下左图所示。

步骤 **02** 即可完成数据透视表的创建，效果如下右图所示。

如果分类字段之间存在交叉关系，可以考虑进行交叉汇总，如下图所示。（素材 \ch06\6.5-2.xlsx）

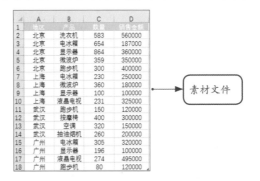

素材文件

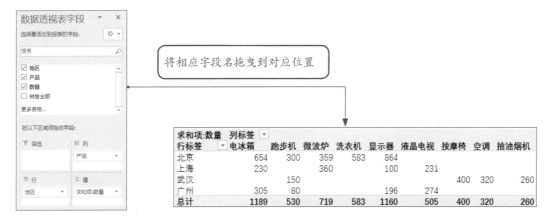

将相应字段名拖曳到对应位置

求和项:数量 列标签	电冰箱	跑步机	微波炉	洗衣机	显示器	液晶电视	按摩椅	空调	抽油烟机
行标签									
北京	654	300	359	583	864				
上海	230		360		100	231			
武汉		150					400	320	260
广州	305	80			196	274			
总计	1189	530	719	583	1160	505	400	320	260

汇总类型的选择很重要，例如，下图所示的汇总就不够简洁、清晰。

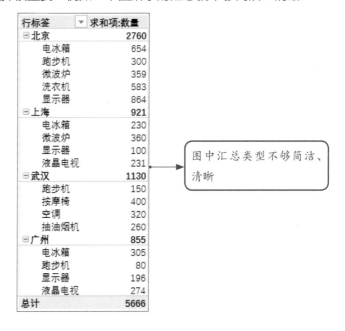

图中汇总类型不够简洁、清晰

3　取消某些字段

如果需要取消某些字段在数据透视表中的显示，通常有两种方法。

第一种方法是将字段拖出去，如下图所示。

第二种方法是在字段列表中取消选中，如下图所示。

数据透视表的布局和美化

使用数据透视表进行汇总统计最大的好处就是灵活，不仅统计方式灵活，布局调整和美化也非常灵活。

① 调整字段

调整字段后，数据透视表会自动更改显示方式。调整字段非常简单，只需要拖曳字段到相应的区域即可，如下图所示。

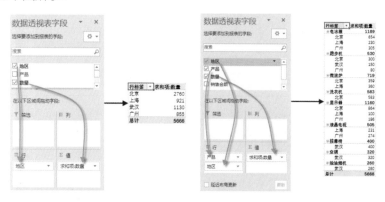

2 快速修改布局

创建数据透视表后，如果需要取消或在组的顶部或底部显示汇总项，就要更改数据透视表的汇总类型。只需要单击【数据透视表工具-设计】选项卡下【布局】组中的【分类汇总】下拉按钮，在弹出的菜单中选择【在组的底部显示所有分类汇总】即可，如下图所示。

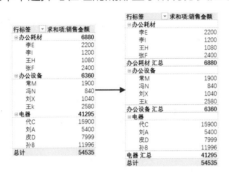

此外，还可以以压缩形式、大纲形式、表格形式显示数据透视表，以方便查看数据透视表中的数据，如下图所示。

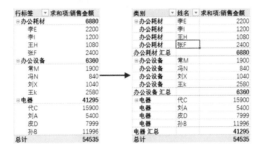

单击【数据透视表工具-设计】选项卡下【布局】组中的【报表布局】下拉按钮，在弹出的菜单中选择显示方式即可，如下图所示。

3 修改字段名称

数据透视表中的文字标签、字段名称都可以根据需要修改，选择要修改的字段的单元格，并输入要更改为的字段名称即可，如下图所示。

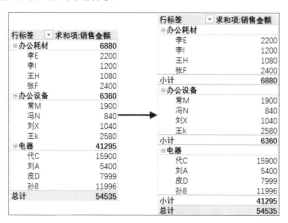

当修改完一个字段名称后，按【Enter】键，同一级别的字段名称会全部修改，如下图所示。

4 一键美化

和普通表格一样，数据透视表也可以选择样式。单击【数据透视表工具-设计】选项卡下【数据透视表样式】组中的【其他】按钮，在弹出的菜单中选择一种合适的样式即可，如下图所示。

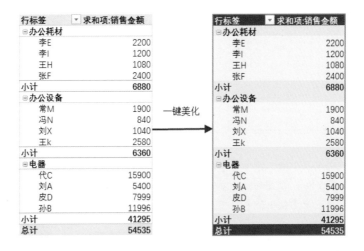

一键美化

6.5.3 "高大上"的数据透视表

掌握基本的数据透视表操作后，下面通过几个案例介绍如何制作"高大上"的数据透视表。

① 对同一个字段的多种汇总方式

有时候可能需要对同一个字段做多次汇总，例如，如下图所示的情况，需要统计出各类产品的总数、最大值和最小值（素材 \ch06\6.5-2.xlsx）。其具体操作步骤如下。

地区	产品	数量	销售金额
北京	洗衣机	583	560000
北京	电冰箱	654	187000
北京	显示器	864	360000
北京	微波炉	359	350000
北京	跑步机	300	400000
上海	电冰箱	230	250000
上海	微波炉	360	180000
上海	显示器	100	100000
上海	液晶电视	231	325000
武汉	跑步机	150	200000
武汉	按摩椅	400	300000
武汉	空调	320	150000
武汉	抽油烟机	260	200000
广州	电冰箱	305	320000
广州	显示器	196	100000
广州	液晶电视	274	495000
广州	跑步机	80	120000

行标签	求和项:数量	最大值项:数量3	最小值项:数量2
电冰箱	1189	654	230
跑步机	530	300	80
微波炉	719	360	359
洗衣机	583	583	583
显示器	1160	864	100
液晶电视	505	274	231
按摩椅	400	400	400
空调	320	320	320
抽油烟机	260	260	260
总计	5666	864	80

步骤 01 首先将【产品】拖入【行】区域，并将【数量】拖入【值】区域 3 次，如下左图所示。

步骤 02 在得到的数据透视表中，双击第二个【数量】，如下右图所示。

行标签	▼	求和项:数量	求和项:数量3	求和项:数量2
电冰箱		1189	1189	1189
跑步机		530	530	530
微波炉		719	719	719
洗衣机		583	583	583
显示器		1160	1160	1160
液晶电视		505	505	505
按摩椅		400	400	400
空调		320	320	320
抽油烟机		260	260	260
总计		5666	5666	5666

步骤 03 在弹出的【值字段设置】对话框中将【计算类型】设置为【最大值】。使用同样的方法将第三个"数量"设置为【最小值】即可，如右图所示。

除了这种方法外，还可以在【数量】上右击，在弹出的快捷菜单中选择【值汇总依据】选项，然后在级联菜单中选择需要的汇总类型，如【最大值】选项，如下图所示。

提示：只有【值】区域中可以将同一个字段拖入多次，而【行】和【列】区域中，一个字段只能拖入一次。

② 统计百分比

在数据透视表中需要对比几个数据所占的比例时，用数据对比效果不明显，可以使用将数值转换成百分比来进行统计，如下图所示。

行标签	求和项:销售金额
办公耗材	6880
办公设备	6360
电器	41295
总计	54535

百分比 →

行标签	求和项:销售金额
办公耗材	12.62%
办公设备	11.66%
电器	75.72%
总计	100.00%

在数据透视表中右击，在弹出的快捷菜单中选择【值显示方式】选项，在级联菜单中选择【总计的百分比】选项，如下图所示。

③ 汇总后排序

数据透视表中的数据也可以像普通表格一样进行排序操作，如下图所示，以便于观察各项数据值的最大值和最小值。

在需要排序的字段上右击，在弹出的快捷菜单中选择【排序】选项，在级联菜单中选择排序方式，如【降序】选项，如下图所示。

④ 按类别拆分数据

工作中往往需要全方位的统计。例如，按类别分别进行统计，如下图所示。

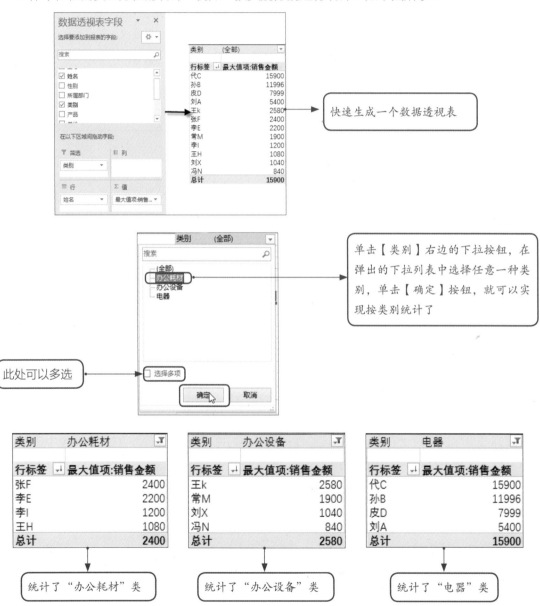

192　精进Excel：成为Excel高手

5 让数值显示更完美

在数据透视表中，有些数据的类型不一样，可能显示的效果也需要不一样。例如，如果是金额类数据，需要在前面加上"$"或"￥"之类的符号，如下图所示，其具体操作步骤如下。

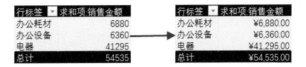

步骤 01 在需要修改的数据单元格中右击，在弹出的快捷菜单中选择【设置单元格格式】选项，如下左图所示。

步骤 02 在弹出的【设置单元格格式】对话框中，按下右图所示进行设置，然后单击【确定】按钮。

6.5.4   常见问题及解决办法

在使用数据透视表的过程中，难免会出现各种问题，下面就介绍一些常见的问题及解决办法。

1 如何查看某个汇总数据背后的明细数据

对下面这个数据透视表，如果想查看"办公设备"的明细数据，可以双击"办公设备"的"销售金额"，系统会自动弹出相关明细数据，如下图所示。

2 修改数据源后，汇总结果如何更新呢

由于数据透视表处理的数据量一般都比较大，为了提高运行效率，数据透视表不会自动更新数据，需要用户手动更新，方法是右击数据透视表，在弹出的快捷菜单中选择【刷新】选项，如下图所示。

3 刷新后，如何固定数据透视表的列宽

通常，刷新数据透视表后，数据透视表的列宽都会变回默认状态，将其列宽固定的操作步骤如下。

步骤 01 在数据透视表中右击，在弹出的快捷菜单中选择【数据透视表选项】选项，如下左图所示。

步骤 02 在弹出的【数据透视表选项】对话框中取消选中【更新时自动调整列宽】复选框，如下右图所示。

这时，即使有更新，数据透视表的列宽也不会变回默认状态了。

6.6 让数据动起来

平时做完表格,很有可能会遇到一些经常变动的数据,如下图所示,"收账款额"就有可能会变,那么源数据变动以后,是不是需要重新做数据透视表呢?其实,修改数据源后刷新数据透视表即可,如下图所示。（素材 \ch06\6.5 数据透视表 .xlsx）

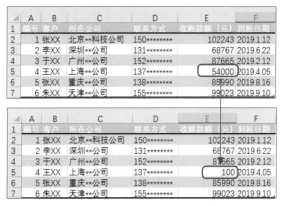

在数据源发生变动后,在数据透视表中右击,在弹出的快捷菜单中选择【刷新】选项

然后,数据透视表中的数据就会"动"起来了

6.7 "业务员订单业绩"数据透视表设计

用数据透视表快速实现对"业务员订单业绩"表中业务员的订单金额、订单金额占比和订单业绩进行排名统计（素材 \ch06\6.7.xlsx）。具体操作步骤如下。

步骤 01 在【插入】选项卡中的【表格】组中单击【数据透视表】按钮，弹出【创建数据透视表】对话框，设置原数据区域和汇总结果的保存位置，单击【确定】按钮，如下左图所示。

步骤 02 在【数据透视表字段】任务窗格中把字段【业务员】拖入【行】区域中，把字段【订单金额】拖入【值】区域中3次。单击【值】区域中的第二个【求和项】下拉按钮，在弹出的下拉列表中选择【值字段设置】选项，如下右图所示。

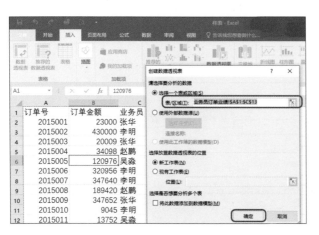

步骤 03 在弹出的【值字段设置】对话框中选择【值显示方式】选项卡，在【值显示方式】下拉列表中选择【总计的百分比】选项，单击【确定】按钮，如下左图所示。

步骤 04 对【值】区域中的第三个【求和项】进行值字段设置。在弹出的【值字段设置】对话框中选择【值显示方式】选项卡，在【值显示方式】下拉列表中选择【降序排列】选项，单击【确定】按钮，如下右图所示。

步骤 **05** 最后给数据透视表各字段设置合适的名称，如右图所示。

6.8 超市商品销售数据透视表设计

用数据透视表快速显示"超市商品每日销售表"中每天各类商品（按商品种类统计）的销售金额小计和销售排名，如下图所示（素材 \ch06\6.8.xlsx），具体操作步骤如下。

步骤 **01** 计算每种商品的"销售金额"。在 H2 单元格中输入公式【=F2*G2】，向下复制公式。

步骤 **02** 在【插入】选项卡中的【表格】组中单击【数据透视表】按钮，弹出【创建数据透视表】对话框，设置原数据区域和汇总结果保存位置，单击【确定】按钮。

步骤 **03** 在【数据透视表字段】任务窗格中把字段【商品种类】拖入【行】区域中，把字段【销售金额】拖入【值】区域中两次。

步骤 **04** 单击【值】区域中的第二个【求和项】下拉按钮，在弹出的下拉列表中选择【值字段设置】选项。在【值字段设置】对话框中选择【值显示方式】选项卡，在【值显示方式】下拉列表中选择【降序排列】，单击【确定】按钮，如右图所示。

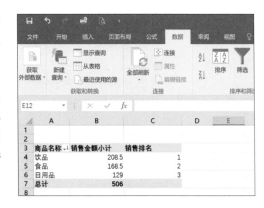

步骤 **05** 修改字段名。选中【销售排名】列数据，单击【数据】选项卡中的【降序】按钮。

步骤 **06** 如果还想查看销售金额小计大于等于200的商品有哪些，单击标题行【商品名称】下拉按钮，在弹出的下拉列表中选择【值筛选】→【大于或等于】选项，在弹出的【值筛选】对话框中输入【200】，单击【确定】按钮，如下图所示。

6.9 库存货物数据透视表 / 图设计

对"库存货物表"用数据透视表和数据透视图快速实现按"货物分类"，分别对"货物名称""品牌"统计期初库存数量、金额。在该汇总中不对比不同分类货物的汇总值，即不对比"家电"和"小家电"两种类别货物的汇总结果，如下图所示（素材 \ch06\6.9.xlsx），具体操作步骤如下。

	A	B	C	D	E	F	G	H	I	J	K	L	M	N	O	P
1	编号	货物名称	品牌	规格型号	单位	入库价	出库价	货物分类	期初库存	期初金额	最低库存	最高库存				
2	1001	洗衣机	海尔	60KG	台	2800	3000	家电	21	58800	10	30				
3	1006	电视机	长虹	65寸	台	6500	7000	家电	6	39000	3	6				
4	1007	电视机	长虹	70寸	台	7000	7500	家电	5	35000	3	6				
5	1002	洗衣机	海尔	70KG	台	2800	3200	家电	10	28000	10	30				
6	1010	饮水机	美的	KW32	台	230	250	小家电	3	690	5	10				
7	1003	洗衣机	美的	60KG	台	2700	3000	家电	9	24300	10	30				
8	1008	电视机	长虹	50寸	台	4000	4500	家电	12	48000	3	6				
9	1011	饮水机	绿源	PP90	台	300	350	小家电	6	1800	5	10				
10	1004	洗衣机	海尔	75KG	台	3000	3300	家电	7	21000	10	30				
11	1005	洗衣机	美的	72KG	台	2900	3200	家电	10	29000	10	30				
12	1009	电视机	TCL	65寸	台	6600	7000	家电	7	46200	3	6				
13	1012	吹风机	美的	AS-1	个	100	120	小家电	5	500	5	10				
14	1013	吹风机	绿源	AS-2	个	98	100	小家电	8	784	5	10				
15																

步骤 **01** 计算每种货物的"期初金额"。在 J2 单元格中输入公式【=F2*I2】，向下复制公式。选中 A1:L14 单元格区域，在【插入】选项卡的【图表】组中单击【数据透视图】按钮，在弹出的菜单中选择【数据透视图和数据透视表】选项，如下左图所示。

步骤 **02** 在弹出的【创建数据透视表】对话框中，【表/区域】选择 A1:L14 单元格区域，透视表的位置选择【新工作表】，单击【确定】按钮，如下右图所示，进入下一步设置状态。

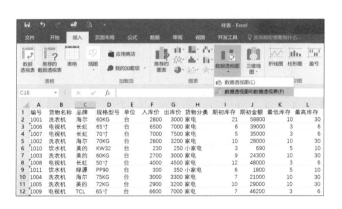

步骤 **03** 按照工作汇总需求，把字段【货物分类】拖入【筛选器】区域中，把两个汇总条件字段【货物名称】【品牌】依次拖入【轴（类别）】区域中，把汇总字段【期初库存】【期初金额】依次拖入【值】区域中，如右图所示，单击工作表空白处，关闭设置框。库存货物的透视表和透视图创建成功。

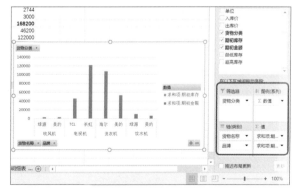

步骤 **04** 当更新原表中的数据后，右击数据透视表，在弹出的快捷菜单中选择【刷新】选项，即可更新透视表数据，同时数据透视图随之更新。选中数据透视图，在【设计】选项卡中通过【图表样式】快速美化图表。双击两个求和项的标题，在弹出的对话框中修改为【期初总库存】【期初总金额】，如右图所示。

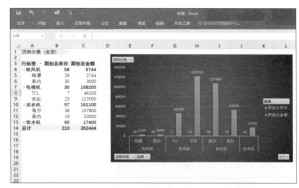

步骤 **05** 因为"期初总库存"与"期初总金额"值相差太大，所以数据透视图中"库存总数量"的柱形根本显示不出来，因此要利用"次 Y 轴"显示"期初总库存"的值。选中【期初总库存】柱形标签并右击，在弹出的快捷菜单中选择【设置数据系列格式】选项，如右图所示。

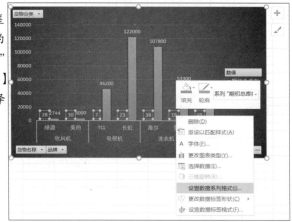

步骤 **06** 在【设置数据系列格式】任务窗格中设置【系列绘制在】为【次坐标轴】，如右图所示。这时会发现"期初总库存"和"期初总金额"两个柱形重合了，解决办法是用不同的图形显示"期初总库存"和"期初总金额"。

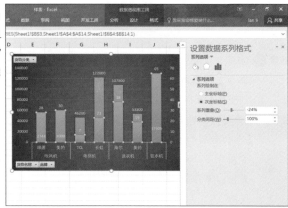

步骤 07 选择"期初总库存"柱形，在【数据透视图-设计】选项卡中单击【更改图表类型】按钮，弹出【更改图表类型】对话框，把"期初总库存"的图表类型改为【带数据标记的折线图】，单击【确定】按钮，如右图所示。

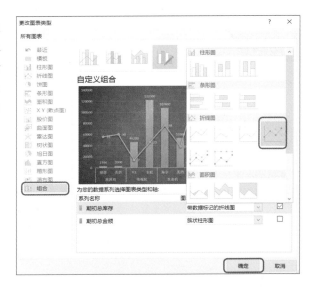

步骤 08 在数据透视图中可以筛选任意货物，观察、对比其库存和金额的期初汇总数据，如右图所示。

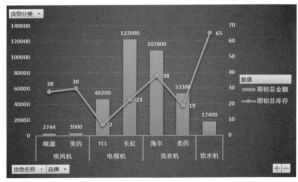

步骤 09 在上面创建图表时，不关心"家电"和"小家电"两类货物的对比数据，设置时把字段【货物分类】拖入【筛选器】区域中。如果也想得到这两类货物的对比数据，只需要把字段【货物分类】也拖入【轴（类别）】区域中就可以了，其他操作同上，如右图所示。

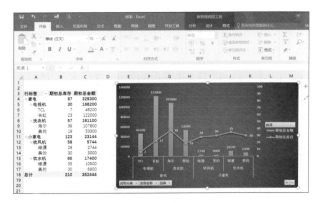

6.10 考勤打卡表透视表设计

对考勤工作中记录每天员工上下班时间的"打卡表"建立数据透视表可以快速统计出每周员工迟到、早退次数，观察公司工作纪律维持情况（素材 \ch06\6.10.xlsx）。其具体操作步骤如下。

步骤 01 选择表中所有数据，单击【插入】选项卡中的【数据透视表】按钮，弹出【创建数据透视表】对话框。在该对话框中设置【表／区域】，透视表的位置选择【新工作表】选项，单击【确定】按钮，进入下一步设置状态。因为需求是"按日期统计出每天迟到早退次数"，所以把【打卡日期】字段拖入【行】区域中；把【迟到／早退】字段拖入【值】区域中，并且将其【值字段设置】中的【计算类型】选为【计数】；把【上／下班】字段拖入【列】区域中，如下图所示。

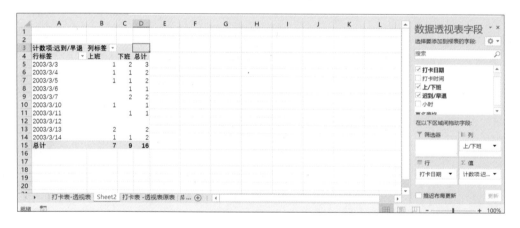

步骤 02 如果只是统计每天迟到／早退次数，到此工作就可以结束了。如果还想得到每周的统计结果，可以利用 Excel 透视表中的组合功能，对日期的统计时段进行设定。单击透视表中【行标签】中的任意统计日期，在【分析】选项卡中单击【分组】组中的【组选择】按钮，弹出【组合】对话框，在对话框中设置【起始于】和【终止于】的日期，【步长】选择【日】，【天数】选择【7】，单击【确定】按钮，如下图所示。

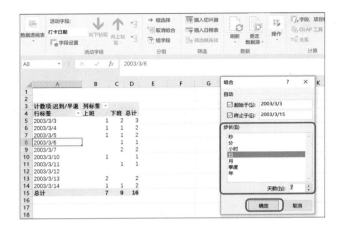

步骤 **03** 在完成的数据透视表中可以看到，统计日期按设定的时段（1周）进行了统计，如下图所示。

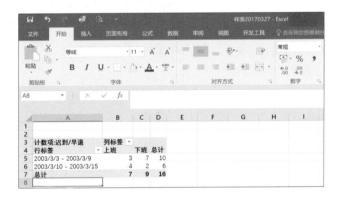

两个关联表的数据透视表设计

在考勤管理工作中，如果月末要"按部门"汇总每个人的迟到／早退情况，该如何设计透视表呢？员工姓名、部门等基本信息在"员工基本信息表"中，而迟到／早退信息在"打卡表"中，但是两个表通过"工号"字段是可以建立关联的（素材\ch06\6.11.xlsx）。其具体操作步骤如下。

步骤 **01** 首先把两个表生成"表格"。单击"打卡表"中的任一单元格，单击【插入】选项卡中的【表格】按钮，在弹出的对话框中系统会自动选中当前工作表中的所有单元格区域，单击【确定】按钮，即由"打卡表"生成了"表格"，如下左图所示。对另一个表也生成"表格"，如下右图所示。

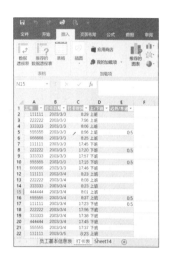

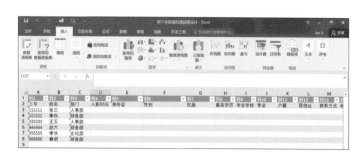

步骤 02 对两个表建立"关系"。单击"打卡表"中的任一单元格，如右图所示。在【数据】选项卡中的【数据工具】组中单击【关系】按钮，弹出【管理关系】对话框。

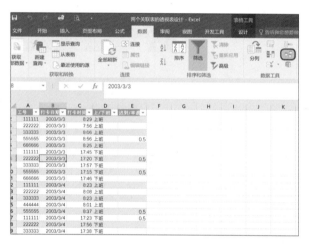

步骤 03 在对话框中单击【新建】按钮，又弹出【创建关系】对话框，选择两个表按照【工号】字段建立关系，单击【确定】按钮返回【管理关系】对话框，如右图所示，单击【关闭】按钮创建关系。

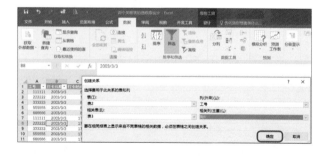

步骤 04 建立数据透视表。在"打卡表"中单击【插入】选项卡中的【数据透视表】按钮，弹出【创建数据透视表】对话框，选中【使用外部数据源】单选按钮，单击【选择连接】按钮，如下左图所示。

步骤 05 弹出【现有连接】对话框，在【现有连接】对话框的【表格】选项卡中选择【表3】，如下右图所示，单击【打开】按钮并返回【创建数据透视表】对话框中，选择透视表的位置为【新工作表】，单击【确定】按钮。

步骤 06 在【数据透视表字段】任务窗格中选择【全部】选项卡，可以看到所有可以引用的表格，现在就有"员工表"和"打卡表"两个表格，如下左图所示。单击表格前的三角形按钮，可以看到每个表格的所有字段，下面通过拖曳就可以完成透视表的创建。

步骤 07 我们的需求是"按部门显示所有员工（姓名）的迟到/早退情况"。所以，把【表3】的【列3】和【列2】两个字段拖入【行】区域中；把【迟到/早退】字段拖入【值】区域中，并且对其【值字段设置】中的【计算类型】选为【计数】；把【上/下班】字段拖入【列】区域中；把【打卡日期】字段拖入【筛选器】区域中，如下右图所示。至此，透视表创建完毕。

步骤 08 下面对透视表进行美化，单击数据透视表，在【数据透视表工具-设计】选项卡中单击【布局】组中的【报表布局】按钮，在弹出的菜单中选择【以大纲形式显示】选项，如下左图所示。

步骤 **09** 修改标题行，应用一种样式，一个动态的、漂亮的、符合要求的数据透视表就制作好了，如下右图所示。

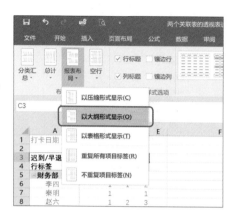 

6.12 数据透视表高级技巧

上面数据透视表的应用实例读者可能觉得很简单。其实，要真正用好数据透视表还需要学习一些常用的技巧。

1 更改数据源

创建数据透视表后，如需更改引用的原数据区域，不需要重新建立数据透视表，直接更改原有数据透视表的数据源即可。单击数据透视表的任意区域，单击【数据透视表工具-分析】选项卡中的【更改数据源】按钮，重新选择数据区域即可，如下图所示。

2 更改"值"的汇总方式

例如，对超市商品按种类进行销售金额汇总后，想查看每类商品单笔最高的销售金额情况。

单击【值】区域中的第一个求和项（销售金额），进行值字段设置，在【值汇总方式】选项卡中将【计算类型】改为【最大值】即可，如下图所示。

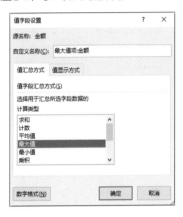

3 数据刷新

如果更改了原数据表中的数据值，可以设置数据透视表汇总结果自动更新。

方法一：单击数据透视表的任意区域，使用【数据透视表工具-分析】选项卡中的【刷新】功能即可，如右图所示。

方法二：可以设置在打开数据透视表时自动更新汇总数据。单击数据透视表的任意区域，在【数据透视表工具-分析】选项卡中单击【数据透视表】下拉按钮，选择【选项】选项，在弹出的【数据透视表选项】对话框中的【数据】选项卡中选中【打开文件时刷新数据】复选框，保存即可。

为了防止在刷新数据时调整透视表的列宽和单元格格式，在【数据透视表工具-分析】选项卡中单击【数据透视表】下拉按钮，选择【选项】选项，在弹出的【数据透视表选项】对话框中的【布局和格式】选项卡中取消选中【更新时自动调整列宽】复选框，如右图所示，保存即可。

④ 禁止查看数据明细

如果需要禁止查看汇总数据的明细，可在【数据透视表工具-分析】选项卡中单击【数据透视表】下拉按钮，选择【选项】选项，在弹出的【数据透视表选项】对话框中的【数据】选项卡下取消选中【启用显示明细数据】复选框，如下图所示，保存即可。

⑤ 显示数据明细

双击数据透视表中的任意一项数据，会生成一张新的工作表，列出该类数据的明细条目。这种分析方法就是"下钻"，即按"年 - 月 - 日"从上向下观察原始数据；通过基础数据建立数据透视表形成汇总表是"上钻"，即按"日 - 月 - 年"从下向上观察汇总数据。

⑥ 对某列汇总项进行排序

选中该列数据，在【数据】选项卡下单击【排序】按钮，进行升序或降序排列即可。

⑦ 空白单元格显示为 0

当数据透视表中对应的单元格没有数据时，该单元格会显示为空白。在【数据透视表工具-分析】选项卡中单击【数据透视表】下拉按钮，在弹出的下拉列表中选择【选项】选项，在弹出的【数据透视表选项】对话框中的【布局和格式】选项卡下选中【对于空单元格，显示】复选框，并在后面的文本框中输入【0】，保存即可。

8　样式改变为表格形式

如果要把数据透视表显示为一般的表格样式，在【数据透视表工具-设计】选项卡的【布局】组中单击【报表布局】下拉按钮，选择【以表格格式显示】选项即可。

高手自测——本章主要介绍了Excel数据分析的相关操作，在结束本章内容之前，不妨先测试下本章的学习效果，打开"素材\ch06\高手自测.xlsx"文件，在5个工作表中分别根据要求完成相应的操作，如果能顺利完成，则表明已经掌握了图表的制作，如果不能，就再认真学习下本章的内容，然后在学习后续章节吧。

高手点拨

（1）打开"素材\ch06\高手自测.xlsx"文件，在"高手自测1"工作表中根据提供的数据筛选出女性员工的销售情况，如下图所示。

（2）打开"素材\ch06\高手自测.xlsx"文件，在"高手自测2"工作表中按照"销售金额"实现数据的分类汇总操作，如下图所示。

（3）打开"素材\ch06\高手自测.xlsx"文件，在"高手自测3"工作表中将数据按照"类别"降序排列，类别相同时，则按照"销售金额"降序排列，如下图所示。

员工销售报表

工号	姓名	性别	所属部门	类别	产品	单价	数量	销售金额
1001	张珊	女	销售部	电器	空调	1800	3	5400
1002	肯扎提	女	销售部	电器	冰箱	2999	4	11996
1003	杜志辉	男	销售部	电器	电视	5300	3	15900
1004	杨秀凤	女	销售部	电器	摄像机	7999	1	7999
1005	冯欢	男	销售部	办公耗材	A3复印纸	20	110	2200
1006	王红梅	女	销售部	办公耗材	传真纸	12	200	2400
1007	陈涛	男	销售部	办公耗材	打印纸	18	60	1080
1008	江洲	男	销售部	办公耗材	硒鼓	600	2	1200
1009	杜志辉	男	销售部	办公设备	喷墨式打印机	860	3	2580
1010	高静	女	销售部	办公设备	扫描仪	520	2	1040
1011	常留	女	销售部	办公设备	复印机	950	2	1900
1012	冯玲	女	销售部	办公设备	针式打印机	840	1	840

员工销售报表

工号	姓名	性别	所属部门	类别	产品	单价	数量	销售金额
1003	杜志辉	男	销售部	电器	电视	5300	3	15900
1002	肯扎提	女	销售部	电器	冰箱	2999	4	11996
1004	杨秀凤	女	销售部	电器	摄像机	7999	1	7999
1001	张珊	女	销售部	电器	空调	1800	3	5400
1009	杜志辉	男	销售部	办公设备	喷墨式打印机	860	3	2580
1011	常留	女	销售部	办公设备	复印机	950	2	1900
1010	高静	女	销售部	办公设备	扫描仪	520	2	1040
1012	冯玲	女	销售部	办公设备	针式打印机	840	1	840
1006	王红梅	女	销售部	办公耗材	传真纸	12	200	2400
1005	冯欢	男	销售部	办公耗材	A3复印纸	20	110	2200
1008	江洲	男	销售部	办公耗材	硒鼓	600	2	1200
1007	陈涛	男	销售部	办公耗材	打印纸	18	60	1080

7

高效赋能：公式和函数之美

在 Excel 中计算数据，首先想到的就是公式和函数。不敢说公式和函数是万能的，但是，在 Excel 中，没有公式和函数是万万不能的。

公式和函数能轻松地将各类数据进行精、准、快的运算，是 Excel 高手必须掌握的内容。

教学视频

Excel 的函数非常多，即便是常年使用 Excel 的高手，也未必能准确地记住所有的函数及其语法和参数，能够记住的，都是那些和自己的工作息息相关、经常使用的部分。

那么，如果记不住函数又如何使用呢？其实，工作不是考试，只要能解决问题就行。下面，给大家介绍几个技巧。

1 函数自己会告诉你怎么用它

如果先输入一个"="，再输入函数的第一个字母，系统马上就会列举出所有以该字母开头的函数，如果将鼠标指针移动到某个函数上，系统会显示该函数的功能，如下图所示。

然后，继续输入函数，或者单击需要的函数，如下图所示。

接着，再输入一个"("，函数的参数就会全都显示出来，如下图所示。

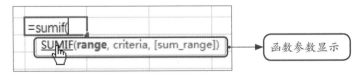

系统会自动给出函数的用法，并且在联网状态下，单击函数名或者对应的参数名，就会自动搜索相关内容。

② 使用【插入函数】对话框更轻松

【插入函数】对话框用起来更方便，因为它自带更详细的参数说明（素材 \ch07\7.1.xlsx）。其具体操作步骤如下。

步骤 01 选中存放结果的单元格，单击【插入函数】按钮，如右图所示。

步骤 02 在弹出的【插入函数】对话框中找到需要的函数，然后单击【确定】按钮，如下左图所示。

步骤 03 此时会弹出【函数参数】对话框，在该对话框中根据需要进行相应的设置，然后单击【确定】按钮，如下右图所示。

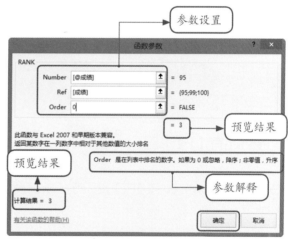

步骤 04 此时，在单元格中就会出现想要的结果了，而且在编辑栏中也会显示出对应的计算公式，接下来将公式填充至其他需要计算结果的单元格即可，如右图所示。

如果不知道函数名，或者根本不知道有没有相关的函数，可以使用搜索函数功能，如下图所示。

此文本框是用来搜索函数的

输入要搜索的函数，如输入【求和】，单击【转到】按钮

系统给出了各种求和函数，选择需要的函数即可

③ 最后还有【F1】键

Excel 自带帮助系统，按【F1】键即可打开【帮助】窗口，这里有最标准、最完整的使用说明，如下图所示。

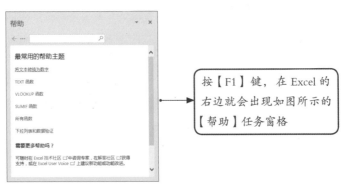

按【F1】键，在 Excel 的右边就会出现如图所示的【帮助】任务窗格

输入需要帮助的内容，然后就可以显示出有关搜索问题的结果，如下图所示。

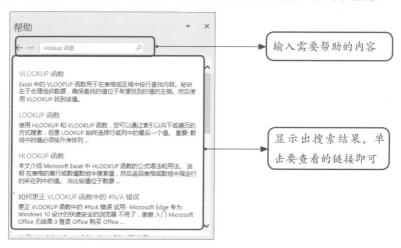

单击要查看的链接，即可查看详细内容。如果文字帮助看不懂，还有视频，如下图所示。

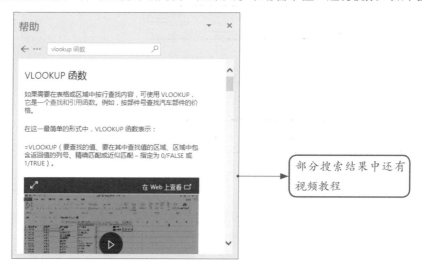

Excel 也会出错

在 Excel 中输入公式时，由于用户的误操作或函数使用不当，可能会导致公式结果出现错误提示信息，这些都是经常遇到的问题。对于很多新手而言，出现这些问题就不知所措了。那么，常见的问题有哪些呢？是什么原因导致的这些问题呢？出现了这些问题后又该如何处理呢？

7.2.1 常见错误有哪些

使用 Excel 函数在计算过程中常见的错误有 9 种类型。下面就来介绍这些常见的错误类型及其解决办法。

1 "######" 错误

这种错误的主要原因是单元格中的数字、日期或时间比单元格宽，如下图所示。解决方法是改变列宽。

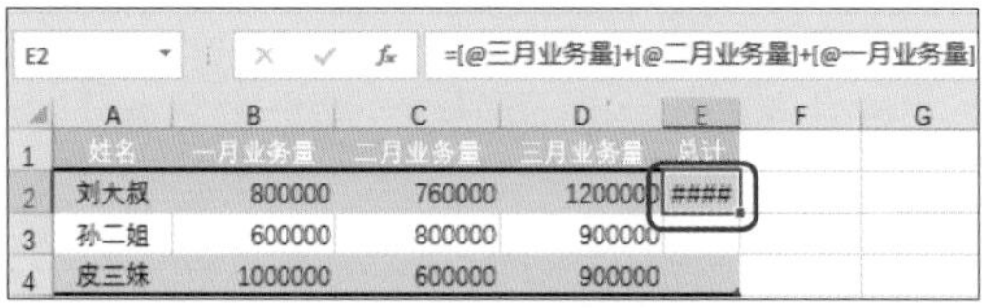

使用鼠标拉宽，或者双击列标右侧即可，如下图所示。

当然，如果单元格中的数据类型不对，也会出现这种错误，此时在【设置单元格格式】对话框中修改数据类型即可。

另外，如果出现了不合理的结果，也会出现这种错误。例如，日期和时间型的数据出现了负值，这种情况肯定是计算公式的错误造成的，修改公式即可。

需要特别注意的是，在单元格中输入错误的公式不仅会导致错误的出现，而且还会产生一些意外的结果，甚至会产生一系列的连锁反应，导致其他直接或者间接引用该单元格的计算也出错。所以，一定要保证计算的正确性。

2 "#DIV/0" 错误

这种错误的原因是除数为"0"，如下图所示，也许是引用了错误的单元格，需要再检查一下公式。

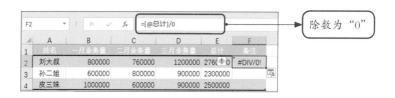

除数为 "0"

3 "#N/A" 错误

这种错误出现的概率比较高，错误原因是公式中没有可以用的数值，如下图所示。包括目标数据缺失（vlookup 在匹配过程中匹配失效）、源数据缺失（多为复制表格后数据尺寸不匹配）、参数缺失（多出现在遗漏参数，也就是公式中参数不够的情况下）、数组之间不匹配（数组运算时，数组元素个数不匹配）等。

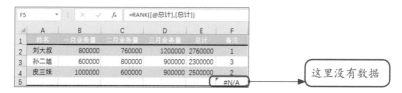

这里没有数据

出现这种错误时，需要检查目标数据、源数据、函数的参数是否完整及运算的数组是否匹配等。

4 "#NAME?" 错误

这种错误的原因是函数名出错，也就是把函数名写错了，如下图所示，改为正确的名称即可。

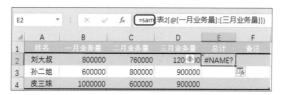

当然，这种错误不仅可能是把函数名写错了，也可能是宏的加载问题、公式的中英文输入问题（如英文引号输成了中文引号等）、单元格名称问题（单元格名称输错），还可能是因为 Excel 的版本问题，例如，所使用的版本并不支持该函数。

出现这种错误，首先要检查函数的输入是否正确，然后检查所使用的 Excel 版本是否支持该函数。

5 "#NULL!" 错误

这种错误的原因是使用了不正确的区域运算符，也就是说，公式中提供的单元格区域可能不存在，如下图所示，一种是输入的两个区域不存在交集；另一种是输入的格式不对，也就是单元格区域输入错误。

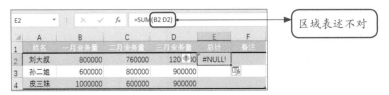

当然，如果输入的区域确实不存在交集，而又需要计算这两个区域时，可以使用","来进行联合运算，如【=A2,B3】。

6 "#NUM!" 错误

这种错误的原因是使用了无效的数字或值，也就是说，函数中出现了无法接受的参数。例如，10^309 的计算结果超过了最大值，如下图所示。

7 "#REF!" 错误

这种错误的原因是单元格引用无效，最大可能就是数据单元格被删除或移动了，或者是引用无效，如下图所示。

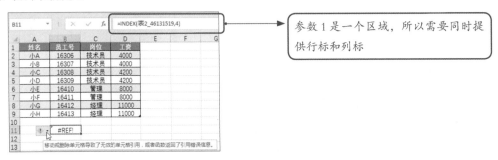

出现这种错误时，需要修改公式，检查被引用的单元格区域、返回参数的值是否存在或有效、是否有单元格中途被删除等。

8 "#VALUE!"错误

这种错误一般是由参数造成的，可能是参数值错误或参数类型错误，如数值型和非数值型数据进行了算术运算，如下图所示。

出现这种问题，需要确认公式或函数是否使用了正确的参数或运算对象类型，公式引用的单元格中是否包含有效的数值。

9 "参数数量不对"错误

这种错误的原因一般是参数太多，或者参数太少，这时，系统一般都会弹出一个对话框，如下图所示。

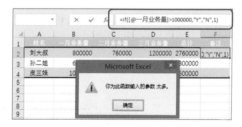

7.2.2 出错了怎么办

如果公式出现错误，接下来当然是要检查错误和解决问题了，那么怎么做呢？

1 检查错误

检查错误的作用是检查使用公式时发生的常见错误，可以显示出错误的公式及错误原因。其具体操作步骤如下。

步骤 **01** 选中有错误公式的单元格，单击【公式】选项卡下【公式审核】组中的【错误检查】下拉按钮，在弹出的下拉列表中选择【错误检查】选项，如下左图所示。

步骤 **02** 在弹出的【错误检查】对话框中，可以看到系统的错误提示，如下右图所示。

 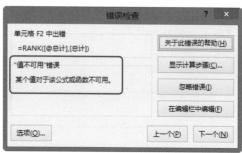

2 追踪错误

追踪错误可以使用蓝色箭头标识出追踪到的错误，用于指示哪些单元格会影响当前所选单元格中的错误值。其具体操作步骤如下。

步骤 **01** 单击【公式】选项卡下【公式审核】组中的【错误检查】下拉按钮，在弹出的下拉列表中选择【追踪错误】选项，如下左图所示。

步骤 **02** 此时，在表格中会出现蓝色箭头，标识出追踪到的错误，如下右图所示。

 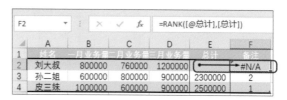

3 追踪引用单元格

追踪引用单元格是指用箭头标明影响当前单元格中数值的单元格。其具体操作步骤如下。

步骤 **01** 追踪引用单元格可以看到单元格引用的情况。单击【公式】选项卡下【公式审核】组中的【追踪引用单元格】按钮，如下左图所示。

步骤 **02** 此时，表格中会出现蓝色箭头，标识出单元格的引用情况，如下右图所示。

提示： 要去掉用以追踪的蓝色箭头，可以单击【公式】选项卡下【公式审核】组中的【移去箭头】按钮。

7.3 必须遵循的公式和函数规则

教学视频

要想正确地使用公式和函数，就必须严格遵守它的基本规则，那么，在使用公式和函数的时候，到底需要注意什么呢？

7.3.1 公式中的运算符与优先级

运算符是公式中不可缺少的组成元素，它决定了公式中的元素执行的计算类型。总体来讲，Excel 的公式中主要有 5 类运算符，如下图所示。

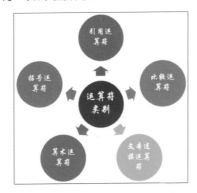

1 算术运算符

算术运算符是最常见的运算符，实现常说的加、减、乘、除等数学运算，是所有类型的运算符中使用频率最高的运算符。

第7章 高效赋能：公式和函数之美　　**221**

常见的算术运算符主要有 +（加）、−（减）、×（乘）、/（除）、%（百分比）、∧（幂）、+（正号）、−（负号），如下图所示。

2 比较运算符

Excel 中的比较运算符主要用于比较值的大小关系，得到的结果是逻辑值 true 或 false。

常见的比较运算符有 =（等于）、>（大于）、>=（大于等于）、<（小于）、<=（小于等于）、<>（不等于），如下图所示。

3 文本连接运算符

Excel 中有一个文本连接运算符 "&"，它的主要作用是连接两个或多个文本，也可以连接数字，如下图所示。

4 引用运算符

引用运算符主要用于引用单元格，对单元格进行导向操作。

常见的引用运算符有：（冒号，范围引用）、（逗号，联合引用）、（空格，交集引用），如下图所示。

5 括号运算符

括号运算符主要用于改变运算符的优先级顺序，也就是为了提高某些运算符的优先级。常见的括号运算符有（ ）（小括号）、[ ]（中括号）、{ }（大括号），如下图所示。

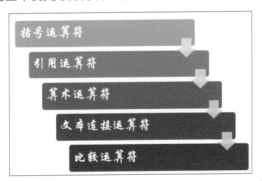

6 运算符优先级

公式的计算顺序由运算符的优先级决定。优先级决定了先计算哪部分，后计算哪部分。Excel 中 5 类运算符的基本优先级顺序如下图所示。

括号运算符
引用运算符
算术运算符
文本连接运算符
比较运算符

7.3.2 ▷ 公式中的 3 种引用

相对引用、绝对引用与混合引用都属于单元格的引用。所谓单元格引用，就是引用单元格的地址，把数据与公式联系在一起。下面就介绍分别在什么情况下使用相对引用、绝对引用和混合引用。

1 相对引用

相对引用就是指单元格的引用会随着公式所在的位置的变化而发生变化。看看下面这个例子。
（素材 \ch07\7.3- 工资 1.xlsx）

向下拖曳鼠标复制公式，计算数据会自动随着结果的移动方向而移动，如下图所示。

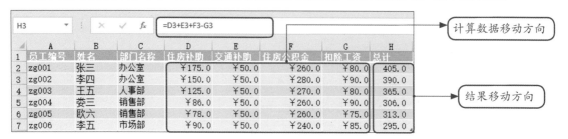

2 绝对引用

绝对引用就是指在复制公式时，无论公式所在的位置怎样改变，引用单元格的地址都不会发生变化，就好像"加了锁"。绝对引用需要在普通地址的前面加"$"符号。例如，D3 的绝对引用形式为 =$D$3（当想要使某个值保持不变时就使用绝对引用），如下图所示。

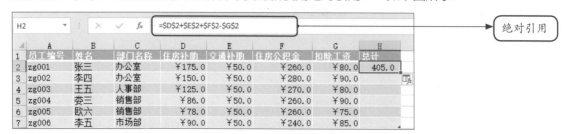

此时，如果拖曳鼠标复制公式，无论向哪个方向，结果都不会变，因为，引用的数据不变，

如下图所示。

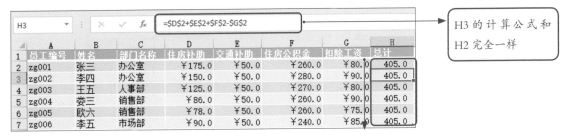

提示：其实，整列中所有的计算公式都一样，因为是绝对引用，参与计算的数据不会改变。

③ 混合引用

所谓混合引用，就是同时使用相对引用与绝对引用（当需要固定行引用、改变列引用或固定列引用、改变行引用时，就要用混合引用），如 D3 单元格，若需要固定行引用、改变列引用，就可以表示为 D$3；若需要固定列引用、改变行引用，就可以表示为 $D3。

下面看看只锁定列标的情况，如下图所示。

然后，向下拖曳填充柄复制公式，结果如下图所示。

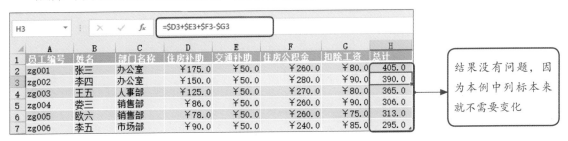

再来看看只锁定行标的情况，如下图所示。

继续向下拖曳填充柄复制公式，结果如下图所示。

结果有问题，因为本例中要变的就是行标，但是被锁定了

最后，总结这3种引用的格式及特性，如下表所示。

引用类型	格式	特性
相对引用	A1	向右、向下复制公式均会改变引用关系
行绝对、列相对的混合引用	A$1	向下不变，向右改变
行相对、列绝对的混合引用	$A1	向右不变，向下改变
绝对引用	$A$1	向右、向下复制公式均不改变引用关系

4 跨表引用

跨表引用指的是引用非本工作表中的数据，基本格式为"工作表名!单元格名"。

（素材 \ch07\7.3-基本工资.xlsx、素材 \ch07\7.3-工资 1.xlsx）

基本工资表

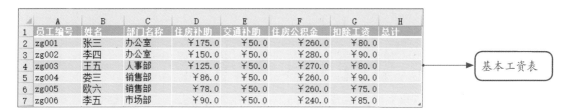

基本工资表

接下来计算工资总计，如下图所示。

引用"基本工资表"中的D2单元格

5 引用方法

在公式中，引用单元格的方法主要有3种。

第一种：手动输入单元格地址，如下图所示。

手动输入单元格地址

第二种：用鼠标选择单元格地址，如下图所示。

输入函数名和左括号，然后用鼠标选择需要参与计算的单元格

第三种：使用折叠按钮选择单元格地址，具体操作步骤如下。

步骤 **01** 选中存放结果的单元格，单击【插入函数】按钮，如下图所示。

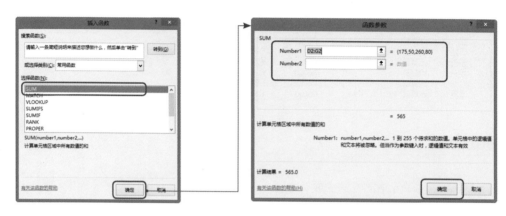

H2					f_x		
	A	B	C	D	E	F	G	H
1	员工编号	姓名	部门名称	住房补助	交通补助	住房公积金	扣除工资	总计
2	zg001	张三	办公室	¥175.0	¥50.0	¥260.0	¥80.0	
3	zg002	李四	办公室	¥150.0	¥50.0	¥280.0	¥90.0	
4	zg003	王五	人事部	¥125.0	¥50.0	¥270.0	¥80.0	
5	zg004	娄三	销售部	¥86.0	¥50.0	¥260.0	¥90.0	

步骤 02 在弹出的【插入函数】对话框中选择需要的函数，单击【确定】按钮，如下左图所示。

步骤 03 在弹出的【函数参数】对话框中设置相应的参数。由于系统设定不准确，需要自己设定参数，单击 按钮，如下右图所示。

步骤 04 手动设定参数后，单击 按钮，如右图所示。

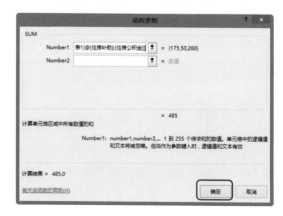

步骤 05 返回【函数参数】对话框，设置完成后单击【确定】按钮，如右图所示。

其实，不用刻意去记相对引用、绝对引用及混合引用的定义，通过实例就可以理解它们的作用是什么、主要用在哪些地方。

7.3.3 给公式命名

引入名称是为了介绍一些 Excel 2016 的小技巧，可以通过名称迅速查找到需要的单元格。

1 名称的定义

定义名称的具体操作步骤如下。

步骤 01 单击【公式】选项卡下【定义的名称】组中的【定义名称】按钮，如下左图所示。

步骤 02 弹出【新建名称】对话框，在【名称】文本框中输入【张三的工资】，在【引用位置】中设置为 D2:G2 的绝对引用，如下右图所示。

2 名称的使用

计算已经定义名称的单元格区域时，直接在单元格中输入名称就可以完成了。具体操作步骤如下。

步骤 01 先选中需要存放结果的 H2 单元格，然后在编辑栏中输入【=sum()】，将光标定位到括号中，如下左图所示。

步骤 02 单击【公式】选项卡下【定义的名称】组中的【用于公式】下拉按钮，在弹出的菜单中选择【张三的工资】选项，如下右图所示。

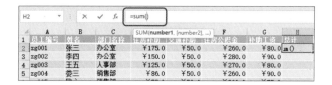

步骤 03 此时，编辑栏如下图所示。

H2		×	✓	fx	=sum(张三的工资)			
					SUM(number1, [number2], ...)			
	A	B	C	D	E	F	G	H
1	员工编号	姓名	部门名称	住房补助	交通补助	住房公积金	补助工资	总计
2	zg001	张三	办公室	¥175.0	¥50.0	¥260.0	¥80.0	的工资)
3	zg002	李四	办公室	¥150.0	¥50.0	¥280.0	¥90.0	
4	zg003	王五	人事部	¥125.0	¥50.0	¥270.0	¥80.0	
5	zg004	娄三	销售部	¥86.0	¥50.0	¥260.0	¥90.0	
6	zg005	欧六	销售部	¥78.0	¥50.0	¥260.0	¥75.0	
7	zg006	李五	市场部	¥90.0	¥50.0	¥240.0	¥85.0	

步骤 04 按【Enter】键。注意，现在不能自动计算出所有人的工资了，如下图所示。

H3		×	✓	fx	=SUM(张三的工资)			
	A	B	C	D	E	F	G	H
1	员工编号	姓名	部门名称	住房补助	交通补助	住房公积金	补助工资	总计
2	zg001	张三	办公室	¥175.0	¥50.0	¥260.0	¥80.0	565.0
3	zg002	李四	办公室	¥150.0	¥50.0	¥280.0	¥90.0	565.0
4	zg003	王五	人事部	¥125.0	¥50.0	¥270.0	¥80.0	565.0
5	zg004	娄三	销售部	¥86.0	¥50.0	¥260.0	¥90.0	565.0
6	zg005	欧六	销售部	¥78.0	¥50.0	¥260.0	¥75.0	565.0
7	zg006	李五	市场部	¥90.0	¥50.0	¥240.0	¥85.0	565.0

当然，也可以继续定义"李四的工资""王五的工资"……

7.3.4 如何隐藏公式

当单击一个带有公式的单元格时，编辑栏中会显示出具体使用的公式，如下图所示。但是有些时候，不想让别人知道具体的计算方法，这时就可以考虑把公式隐藏起来，其具体操作步骤如下。

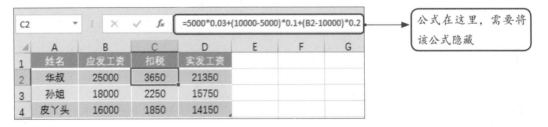

公式在这里，需要将该公式隐藏

步骤 01 选中需要隐藏公式的单元格，如右图所示。

步骤 02 在选中的单元格上右击，在弹出的快捷菜单中选择【设置单元格格式】选项，弹出【设置单元格格式】对话框，选择【保护】选项卡，选中【锁定】和【隐藏】复选框，然后单击【确定】按钮，如右图所示。

步骤 03 单击【审阅】选项卡下【保护】组中的【保护工作表】按钮，如右图所示。

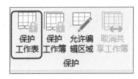

步骤 04 在弹出的【保护工作表】对话框中输入密码，如【123】，然后单击【确定】按钮，如下左图所示。

步骤 05 在弹出的【确认密码】对话框中再次输入密码【123】，然后单击【确定】按钮，如下右图所示。

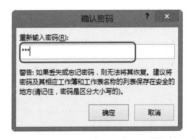

步骤 06 此时，当再次选中 C2 单元格时，就会发现编辑栏中不再显示公式了。也就是说，公式被隐藏了，如右图所示。

7.4 3个函数走遍天下

函数的种类很多，但常用的函数就以下3个，掌握这3个函数，就可以解决常见的计算问题。

7.4.1 if 函数

if 函数是 Excel 中最常用的函数之一，它可以对值和期待值进行逻辑比较。if 函数最简单的形式如下图所示。

计算过程如下图所示。

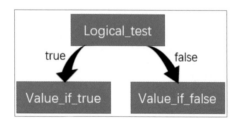

if 语句可能有两个结果，当 Logical_test 结果为 true 时，系统去计算 Value_if_true 这个表达式，并将结果返回；当 Logical_test 结果为 false 时，系统去计算 Value_if_false 这个表达式，并将结果返回，如下图所示。

例如，计算业绩量大于300000时为优秀，否则不是（素材7.4.1）

sum 函数和 sumif 函数是常用的求和函数。sum 函数用于计算所有参数数值的和；sumif 函数根据指定条件对若干单元格求和。

1 sum 函数

sum 函数用于求和。基本格式如下图所示。

sum 函数的应用如下图所示。

单击【公式】选项卡下【函数库】组中的【自动求和】按钮

在调出 sum 函数时，系统一般会自动选择计算范围，如果计算范围正确，直接按【Enter】键即可。

但是，如果系统选择的范围不正确，如下图所示，显然，"工龄"是不应该参与计算的，这时该怎么办呢？

"工龄"不应该加入计算

其实很简单，重新选择计算范围即可，如下图所示。

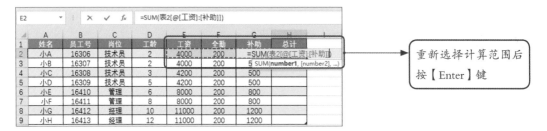

还有一个问题，那就是，如果需要计算的数据不是连续的怎么办？这时就需要选择多个区域，如下图所示。

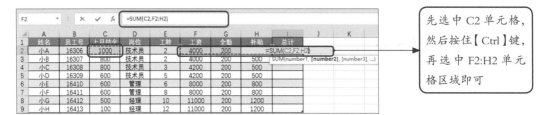

如果使用【插入函数】对话框，如下图所示。

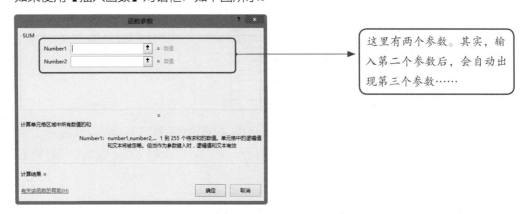

最后，来看一招最简单的求和——【Alt+=】组合键。先选中需要求和的单元格，然后按【Alt+=】组合键，即可一键求和，如下图所示。

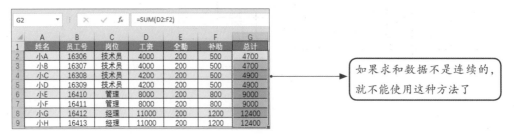

sumif 函数是有条件的求和函数，它的基本格式如下图所示。

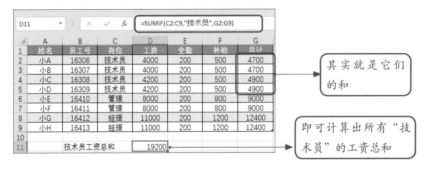

sumif 函数的基本功能是，在 range 中找符合 criteria 条件的数据对应的 sum_range 中的数据进行求和。

例如，求下图所示工作表中所有"技术员"的工资总和。

姓名	员工号	岗位	工资	全勤	补助	总计
小A	16306	技术员	4000	200	500	4700
小B	16307	技术员	4000	200	500	4700
小C	16308	技术员	4200	200	500	4900
小D	16309	技术员	4200	200	500	4900
小E	16410	管理	8000	200	800	9000
小F	16411	管理	8000	200	800	9000
小G	16412	经理	11000	200	1200	12400
小H	16413	经理	11000	200	1200	12400

公式：=SUMIF(C2:C9,"技术员",G2:G9)

其实就是它们的和

技术员工资总和 19200

即可计算出所有"技术员"的工资总和

7.4.3 vlookup 函数

vlookup 函数是 Excel 中出使用频率很高的函数。一般在以下几种情况会用到 vlookup 函数。

（1）按工号从一张表查找另一张表中对应的【姓名】等信息。

（2）按照某种特定的对照关系，将绩效评分和等级一一匹配。

（3）核对两张表中重复的记录。

① vlookup 函数

vlookup 函数的基本格式如下图所示。

vlookup 函数的作用是在 table_array 中查找 lookup_value，然后返回 col_index_num 列的具体值。range_lookup 指定匹配规则，其中，false 表示精确匹配，true 表示模糊匹配。

2 同一个工作表中使用 vlookup 函数

在同一个工作表中使用 vlookup 函数进行查找比较简单。例如，想找到"工号"为"1005"的员工的"姓名"（素材 \ch07\vlookup.xlsx），如下图所示。

3 在不同表中使用 vlookup 函数

跨表匹配时，只需要注意单元格引用即可。例如，想通过"基本信息表"来填充"工资表"中的【姓名】字段（素材 \ch07\vlookup.xlsx），基本信息表如下左图所示，工资表如下右图所示。这时就需要跨表访问数据了。

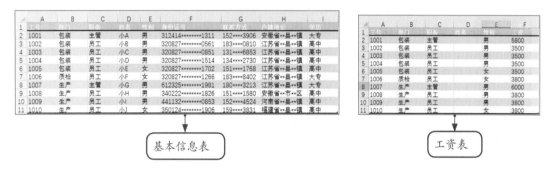

结果如下图所示。

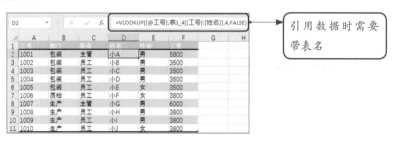

教学视频

有时一个复杂的问题，可能用一个函数解决不了，就需要使用函数的嵌套了。函数的嵌套，简单地说，就是一个函数中含有其他函数。

7.5.1 if 函数的嵌套

嵌套函数最常用的方法就是拆分，就像剥洋葱一样，一层层剥开。

括号是函数的一个重要组成部分，一对括号就是一层函数，顺着括号，由外向内一层层剥开，就能看出函数的结构了。

下面就以 if 函数为例介绍单独 if 函数的嵌套及 if 函数与其他函数的嵌套。

1 单独 if 函数的嵌套

if 函数的嵌套可以解决年终考核等级的问题，例如，下面这个例子。（素材 \ch07\7.5.1-1.xlsx）

	A	B	C
1	姓名	业绩	等级
2	刘头	320000	
3	小李	280000	
4	小王	350000	
5	小代	250000	
6	小孙	150000	

这是本月几名员工的业绩，公司规定，超过 300000 元的为"优秀"，超过 250000 元的为"良好"，超过 200000 元的为"合格"，其他为"不合格"，那该如何计算等级呢？这就需要使用 if 函数的嵌套了，如下图所示。

C2 = IF([@业绩]>300000,"优秀",IF([@业绩]>250000,"良好",IF([@业绩]>200000,"合格","不合格")))

	A	B	C	D	E	F	G	H	I	J	K
1	姓名	业绩	等级								
2	刘头	320000	优秀								
3	小李	280000	良好								
4	小王	350000	优秀								
5	小代	250000	合格								
6	小孙	150000	不合格								

也许有人会说函数太长了，看不懂，没关系，把这个函数的格式调一下，如下图所示。

```
IF([@业绩]>300000,"优秀",
              IF([@业绩]>250000,"良好",
                        IF([@业绩]>200000,"合格","不合格")))
```

这样就比较好理解了，意思是大于 300000 元就是"优秀"，大于 250000 元就是"良好"，大于 200000 元就是"合格"，剩下的就是"不合格"了。

② if 函数与 or 函数的嵌套

例如，某公司考核员工业绩，如果 3 个月中有任意 1 个月超过 30 万元，本季度考核就算合格，否则为不合格。那这该怎么做呢？（素材 \ch07\7.5.1-2.xlsx）

	A	B	C	D	E
1	姓名	1月业绩（万）	2月业绩（万）	三月业绩（万）	考核结果
2	刘头	32	40	36	
3	小李	28	30	32	
4	小王	35	32	25	
5	小代	25	30	32	
6	小孙	15	20	18	

因为是三选一，所以需要使用到 or 函数，or 函数的基本格式如下图所示。

OR(logical1,logical2,...)
条件1 条件2

or 函数可以有 30 个参数，只要有 1 个为真，整个函数的返回值即为 true，如下图所示。

E2		✕ ✓ fx	=IF(OR(B2>30,C2>30,D2>30),"合格","不合格")		
	A	B	C	D	E
1	姓名	1月业绩（万）	2月业绩（万）	三月业绩（万）	考核结果
2	刘头	32	40	36	合格
3	小李	28	30	32	合格
4	小王	35	32	25	合格
5	小代	25	30	32	合格
6	小孙	15	20	18	不合格

③ if 函数与 and 函数的嵌套

如果公司要求只有每个月都合格，最终才能算合格怎么办呢？这时就要用 and 函数。and 函数的基本格式，如下图所示。

and 函数可以有 30 个参数，当所有参数都为真时，结果为 true，如下图所示。

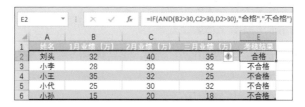

使用 if 函数时需注意以下几点。

（1）函数看不懂，可以换行理解。

（2）单方向梳理逻辑，思路更清晰。

（3）嵌套可以无限制，但头脑要清醒。

（4）必要时，可以与其他函数配合使用。

7.5.2 不同函数的嵌套

现在又有一个问题，看下面的例子，如果想要求出表中"小 A""小 C"和"小 G"的"员工号"及"工资"，该怎么办？

	A	B	C	D	E	F	G	H
1	姓名	员工号	岗位	工资		姓名	员工号	工资
2	小A	16306	技术员	4000		小A		
3	小B	16307	技术员	4000		小C		
4	小C	16308	技术员	4200		小G		
5	小D	16309	技术员	4200				
6	小E	16410	管理	8000				
7	小F	16411	管理	8000				
8	小G	16412	经理	11000				
9	小H	16413	经理	11000				

有人说，这太简单了，用两个 vlookup 函数就可以解决，如下图所示。

G2		× ✓ fx	=VLOOKUP([@姓名],表2_46[#全部],2)					
	A	B	C	D	E	F	G	H
1	姓名	员工号	岗位	工资		姓名	员工号	工资
2	小A	16306	技术员	4000		小A	16306	
3	小B	16307	技术员	4000		小C	16308	
4	小C	16308	技术员	4200		小G	16412	
5	小D	16309	技术员	4200				
6	小E	16410	管理	8000				
7	小F	16411	管理	8000				
8	小G	16412	经理	11000				
9	小H	16413	经理	11000				

H2			f_x	=VLOOKUP([@姓名],表2_46[#全部],4)			

	A	B	C	D	E	F	G	H
1	姓名	员工号	岗位	工资		姓名	员工号	工资
2	小A	16306	技术员	4000		小A	16306	4000
3	小B	16307	技术员	4000		小C	16308	4200
4	小C	16308	技术员	4200		小G	16412	11000
5	小D	16309	技术员	4200				
6	小E	16410	管理	8000				
7	小F	16411	管理	8000				
8	小G	16412	经理	11000				
9	小H	16413	经理	11000				

但能不能用一个函数完成呢？当然可以，不过，需要用到一个新的函数——match 函数。

1 vlookup 函数与 match 函数的嵌套

match 函数用于查找对象在一组数据中的具体位置，返回一个数值结果，match 函数的语法结构如下图所示。

例如，想查找"小 A""小 C"和"小 G"在表中的第几行，如下图所示。

G2			f_x	=MATCH(F2,A2:A9,0)		

	A	B	C	D	E	F	G
1	姓名	员工号	岗位	工资		姓名	在第几行
2	小A	16306	技术员	4000		小A	1
3	小B	16307	技术员	4000		小C	2
4	小C	16308	技术员	4200		小G	5
5	小D	16309	技术员	4200			
6	小E	16410	管理	8000			
7	小F	16411	管理	8000			
8	小G	16412	经理	11000			
9	小H	16413	经理	11000			

再如，想查找【员工号】字段和【工资】字段分别在表中的哪一列，如下图所示。

G2			f_x	=MATCH(G1,$A1:$D1,0)			

	A	B	C	D	E	F	G	H
1	姓名	员工号	岗位	工资		姓名	员工号	工资
2	小A	16306	技术员	4000		小A	2	4
3	小B	16307	技术员	4000		小C		
4	小C	16308	技术员	4200		小G		
5	小D	16309	技术员	4200				
6	小E	16410	管理	8000				
7	小F	16411	管理	8000				
8	小G	16412	经理	11000				
9	小H	16413	经理	11000				

会用match函数了，接下来，就回到开头的那个问题，怎么一次性求出多个列值，先求出一个值，

如下图所示。

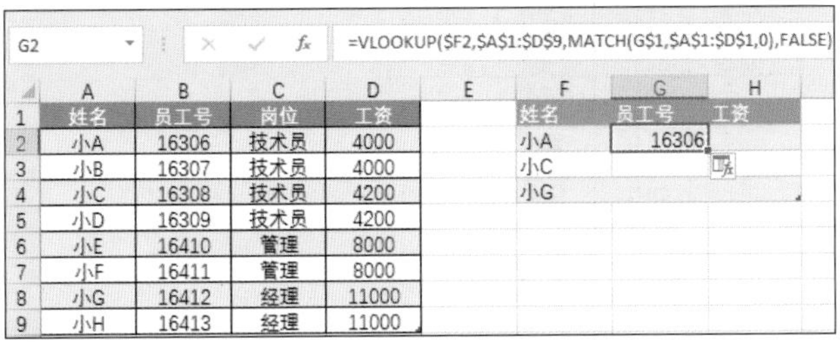

然后向右拖曳填充柄复制公式，结果如下图所示。

再向下拖曳填充柄复制公式，结果如下图所示。

将 vlookup 函数和 match 函数嵌套，可以让 vlookup 函数返回多列结果。

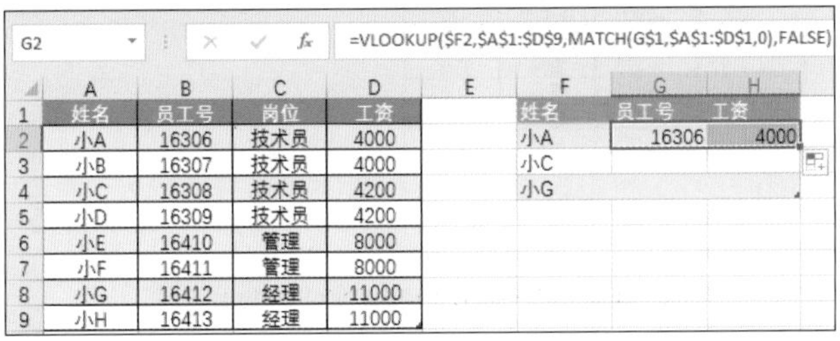

② match 函数与 index 函数的嵌套

使用 vlookup 函数查找匹配，一个前提条件是查找对象必须在匹配范围的首列。如果查找对象不在首列，有以下两种方法。

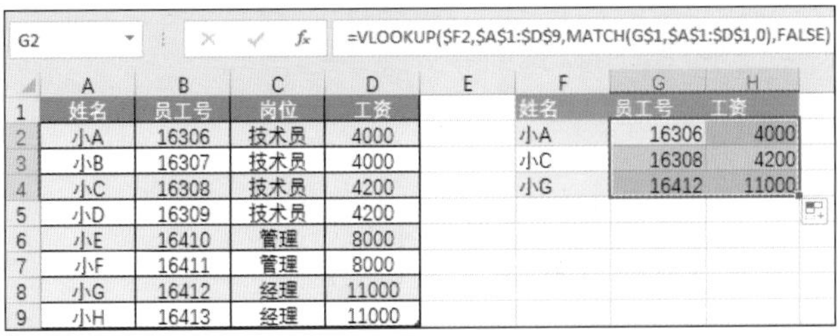

第一种：设置匹配范围，让查找对象成为首列。

例如，如下图所示，查找对象肯定是"员工号"，那么匹配范围本来应该是 A:D 列，但是，可以将匹配范围设置为 B:D 列，也就是不用 A 列，这样，查找对象"员工号"就在匹配范围的首列了。

▲	A	B	C	D	E	F	G	H
1	姓名	员工号	岗位	工资		员工号	岗位	工资
2	小A	16306	技术员	4000		16306		
3	小B	16307	技术员	4000		16308		
4	小C	16308	技术员	4200		16411		
5	小D	16309	技术员	4200				
6	小E	16410	管理	8000				
7	小F	16411	管理	8000				
8	小G	16412	经理	11000				
9	小H	16413	经理	11000				

但是，如果上面的方法不能用，出现下图所示的情况，应该怎么办？

▲	A	B	C	D	E	F	G	H
1	姓名	员工号	岗位	工资		员工号	姓名	工资
2	小A	16306	技术员	4000		16306		
3	小B	16307	技术员	4000		16308		
4	小C	16308	技术员	4200		16411		
5	小D	16309	技术员	4200				
6	小E	16410	管理	8000				
7	小F	16411	管理	8000				
8	小G	16412	经理	11000				
9	小H	16413	经理	11000				

那就只能是第二种情况了，这时需要使用 index 函数，index 函数的基本格式如下图所示。

index 函数的功能是，在给定的区域内返回第几行第几列的值。

如下图所示，先求某一列数据中某行的值。

F1		×	✓	fx	=INDEX(A2:A9,4)	

▲	A	B	C	D	E	F
1	姓名	员工号	岗位	工资		小D
2	小A	16306	技术员	4000		
3	小B	16307	技术员	4000		
4	小C	16308	技术员	4200		
5	小D	16309	技术员	4200		
6	小E	16410	管理	8000		
7	小F	16411	管理	8000		
8	小G	16412	经理	11000		
9	小H	16413	经理	11000		

再求某行数据中某列的值，如下图所示。

F1		×	✓	fx	=INDEX(A1:D1,3)	

▲	A	B	C	D	E	F
1	姓名	员工号	岗位	工资		岗位
2	小A	16306	技术员	4000		
3	小B	16307	技术员	4000		
4	小C	16308	技术员	4200		
5	小D	16309	技术员	4200		
6	小E	16410	管理	8000		
7	小F	16411	管理	8000		
8	小G	16412	经理	11000		
9	小H	16413	经理	11000		

然后，求一片区域内某行某列的值，如下图所示。

F1			×	✓	f_x	=INDEX(A1:D9,3,2)

	A	B	C	D	E	F
1	姓名	员工号	岗位	工资		16307
2	小A	16306	技术员	4000		
3	小B	16307	技术员	4000		
4	小C	16308	技术员	4200		
5	小D	16309	技术员	4200		
6	小E	16410	管理	8000		
7	小F	16411	管理	8000		
8	小G	16412	经理	11000		
9	小H	16413	经理	11000		

清楚了 index 函数的用法，下面联合使用 match 函数和 index 函数，如下图所示。

G2			×	✓	f_x	=INDEX(D:D,MATCH(F2,B:B,0))

	A	B	C	D	E	F	G
1	姓名	员工号	岗位	工资		员工号	工资
2	小A	16306	技术员	4000		16306	4000
3	小B	16307	技术员	4000		16308	4200
4	小C	16308	技术员	4200		16411	8000
5	小D	16309	技术员	4200			
6	小E	16410	管理	8000			
7	小F	16411	管理	8000			
8	小G	16412	经理	11000			
9	小H	16413	经理	11000			

7.6 懒人神器——VBA

教学视频

工作中经常需要手工完成一些有规律的、重复性的任务，或者处理一系列的固定工作，利用 VBA（Visual Basic for Applications）就可以对数据进行更高级的处理，实现数据处理的自动化，从而省去简单重复的工作。

说到 VBA，不得不说另一个与它有密切关系的工具——宏。Office 中的办公组件都支持 VBA 和宏，VBA 是一种内置在 Excel 中的编程语言，可以用来编写程序代码，二次开发系统本身所不具备的功能；宏是一种用 VBA 语言编写的运算过程，是录制的程序。

在实际工作中，可能每天都要打印上千张发票、统计销售业绩等，要完成同样的工作，既可以用 VBA 编写代码实现，又可以通过录制宏来实现。录制的宏其实就是一堆 VBA 指令，并且可以通过 VBA 来修改，但是有些操作是不能通过录制宏来实现的。录制的宏可能很长，效率很低，而经过优化的 VBA 代码简洁，效率更高，VBA 能够实现宏所能实现的全部功能。

在使用宏和 VBA 时需要在【开发工具】选项卡下单击相关按钮完成工作，如果在主选项卡区域没有【开发工具】选项卡，可以选择【文件】→【选项】选项，在弹出的【Excel 选项】对话框中进行设置。在【Excel 选项】对话框左侧选择【自定义功能区】选项卡，选中【主选项卡】下的【开发工具】复选框，单击【确定】按钮保存设置，如下图所示，即可在主界面上显示【开发工具】选项卡。

下面以任务驱动的方式介绍如何用宏和 VBA 解决实际问题。

例如，"超市商品每日销售表"已知单价和销售数量，计算每件商品的销售金额。

1 宏

用宏工作，两步可以解决问题：录制宏 — 运行宏。

录制宏就是把完成任务的过程操作一遍并录制下来（素材 \ch07\7.6.xlsx）。

步骤 01 单击 H2 单元格，首先要开启【开发工具】选项卡【代码】组中的【使用相对引用】功能，这样以后在当前录制过程中未处理过的单元格区域也能按照目标单元格与数据源单元格的相对位置计算销售金额，如下图所示。

步骤 02 然后单击【开发工具】选项卡【控件】组中的【插入】按钮，在弹出的下拉列表的【表单控件】选项区域中选中第一个按钮控件，如下图所示。

步骤 03 在 H 列右边空白区域拖曳鼠标画出一个【按钮】，松开鼠标后弹出【指定宏】对话框，修改【宏名】为【计算销售金额】，单击【录制】按钮，然后单击【确定】按钮开始录制操作过程，如下左图所示。

步骤 04 操作过程结束后，选择【开发工具】选项卡下【代码】组中的【停止录制】按钮，录制结束，如下右图所示。

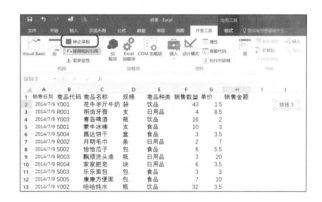

步骤 05 如果想查看录制过程中自动生成的代码，在【按钮 3】控件上右击，单击【开发工具】选项卡【控件】组中的【查看代码】按钮，打开 VBA 代码窗口，如下图所示。

宏录制后就可以执行宏了，回到工作表中，把 H2:H14 单元格区域的值删除掉，然后重新选中 H2:H14 单元格区域，单击【按钮 3】按钮，系统自动计算并填充销售金额的值。

如果从第 15 行开始记录当天的商品销售情况，系统还能不能自动计算并填充销售金额的值呢？通过试验发现当选中 H15 单元格，单击【按钮 3】按钮后，能自动处理，但是填充了录制宏时处理的 H2:H14 单元格区域的销售金额，这不是想要的结果，但宏代码是可以在代码窗口中修改的。如果只想求出有商品销售记录的那行销售金额的值并填充，没有销售记录的空行不显示"0"怎么办呢？下面的"VBA"部分将介绍如何修改代码以达到预期效果。

2 VBA

VBA 的初学者往往是从录制宏后查看代码、一点点修改代码开始学习的。

为了实现上述功能，可以利用掌握的函数知识修改宏录制时自动生成的代码。例如，把原来的"Range("A1:A13")"改为"Range("A1:A100")"，这样计算区域可以扩大到 1~100 行；不想显示空行的销售金额"0"，可以把原来的"ActiveCell.FormulaR1C1 = "=RC[-2]*RC[-1]""改为"ActiveCell.FormulaR1C1 = "=if(RC[-2]*RC[-1]=0,clean(RC[-1]),RC[-2]*RC[-1])""。修改后保存，关闭代码窗口，如下图所示。

如果不从录制宏开始，怎么直接写 VBA 代码、查看代码、运行代码呢？

首先，要放一个或若干个触发 VBA 代码的控件在工作表中。单击【开发工具】选项卡下【控件】组中的【插入】下拉按钮，在弹出的下拉列表的【表单控件】选项区域中选择需要的控件，然后拖曳鼠标在工作表中规划好的位置上画出该控件。

其次，给控件添加代码。右击选中该控件，单击【开发工具】选项卡下【代码】组中的【Visual Basic】按钮，打开代码窗口。在"Sub 控件名 … End Sub"结构中输入符合 VBA 语法规则的指令代码，如下图所示，保存代码，关闭代码窗口回到工作表中。

最后，执行 VBA 代码。只要单击相应控件就能自动完成事先设计好的功能。

如果要修改和查看代码，利用【开发工具】选项卡下的【查看代码】和【Visual Basic】按钮都可以重新打开代码窗口。

学习 VBA 要学很多内容，如 VBA 编辑器、语法规则、数据类型、程序结构的控制、过程和函数、常见对象等。熟练掌握 VBA 后，小能处理用一般函数等现有工具无法解决的问题，大能设计一个管理系统。

 高手自测 ● 本章主要介绍了函数与公式的相关操作，在结束本章内容之前，不妨先测试下本章的学习效果，打开"素材\ch07\高手自测.xlsx"文件，在5个工作表中分别根据要求完成相应的操作，如果能顺利完成，则表明已经掌握了图表的制作，如果不能，就再认真学习下本章的内容，然后在学习后续章节吧。

高手点拨

（1） 假设经理级别的差旅住宿报销额度是 500 元，其他人是 300 元。打开"素材 \ch07\ 高手自测 .xlsx"文件，在"高手自测 1"工作表中，根据职位计算出差旅住宿费用，如下图所示。

	A	B	C
1	员工姓名	职位	差旅住宿
2	皮医生	经理	
3	刘老大	专员	
4	田老板	专员	
5	海绵宝	经理	
6	张头	专员	
7	武大	专员	
8	孙二	助理	
9	潘敏	经理	

	A	B	C
1	员工姓名	职位	差旅住宿
2	皮医生	经理	500
3	刘老大	专员	300
4	田老板	专员	300
5	海绵宝	经理	500
6	张头	专员	300
7	武大	专员	300
8	孙二	助理	300
9	潘敏	经理	500

（2）打开"素材\ch07\高手自测.xlsx"文件，在"高手自测2"工作表中根据员工的入职时间计算出员工的工作年限，如下图所示。

（3）编号不是"ABC"开头的是A类员工，编号为"ABC"开头的是B类员工。打开"素材\ch07\高手自测.xlsx"文件，在"高手自测3"工作表中根据员工编号计算出员工编制，如下图所示。

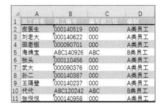

（4）打开"素材\ch07\高手自测.xlsx"文件，在"高手自测4"工作表中根据源数据中的快递单号信息，使用函数计算出对应的寄件人，如下图所示。

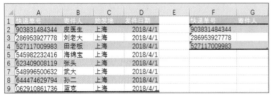

第 8 章

能量跃迁：让Excel成为真正的利器

　　学习的过程是一个积累经验、总结教训的过程，前面几章帮助大家完成知识的累积，现在就是检验学习成果的时候，能顺利完成，就证明已经能够熟练使用 Excel 了。

信息图表或信息图形是指信息、数据、知识等的视觉化表达。信息图表通常用于复杂信息的高效、清晰传递，在计算机科学、数学及统计学领域也有广泛应用，可优化信息的传递。

Excel 是一个绝佳的信息图表制作工具：信息图表常用的图表、图示等，对 Excel 来说轻而易举；工作表中可以自由地摆放各种图表、图示、图形等对象；网格线是很好的对齐参考线，也可以使用分布与对齐功能。

1 10 市 AQI（空气质量指数）对比图

下面试着做一个信息图表，例如，下图所示的环境监控数据（素材 \ch08\8.1.xlsx）。

	A	B	C	D	E	F
1	编号	城市	AQI指数	首要污染物	日期	空气质量级别
2	5	秦皇岛市	56	颗粒物(PM10)	2018/3/9 8:00	良
3	2	天津市	59	细颗粒物(PM2.5)	2018/3/9 8:00	良
4	10	沧州市	70	细颗粒物(PM2.5)	2018/3/9 8:00	良
5	9	承德市	78	颗粒物(PM10)	2018/3/9 8:00	良
6	8	保定市	85	细颗粒物(PM2.5)	2018/3/9 8:00	良
7	1	北京市	87	细颗粒物(PM2.5)	2018/3/9 8:00	良
8	6	邯郸市	114	细颗粒物(PM2.5)	2018/3/9 8:00	轻度污染
9	4	唐山市	138	细颗粒物(PM2.5)	2018/3/9 8:00	轻度污染
10	7	邢台市	139	细颗粒物(PM2.5)	2018/3/9 8:00	轻度污染
11	3	石家庄市	175	细颗粒物(PM2.5)	2018/3/9 8:00	中度污染

对比图一定要突出重点，要让人第一眼就能够看出关键问题所在，如下图所示。

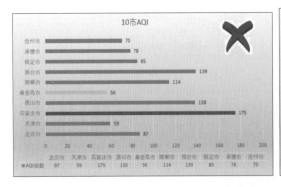
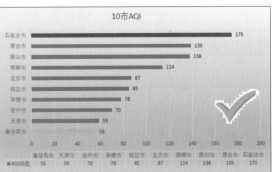

2 空气质量走势图

根据北京一周的空气质量检测结果，使用条形图制作出空气质量走势图，如下图所示。

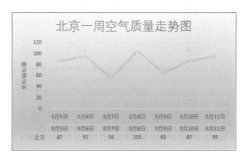

3 一年空气质量对比图

根据某地区一年内各种空气质量等级的天数，使用饼图展示各种空气质量等级在一年中所占的百分比，如下图所示。

8.2 轻松搞定产品成本核算

教学视频

成本核算是指将企业在生产经营过程中产生的各种费用按照一定的对象进行分配和归集，以计算总成本和单位成本。成本核算是成本管理的重要组成部分，对于企业的成本预测和企业的经营决策等有直接影响。那么如何做一份让领导满意的成本核算表呢？

例如，下图所示的基础成本核算表（素材 \ch08\8.2.xlsx）。

	A	B	C	D
1	费用类别	项目1	项目2	项目3
2	场地费	2000	1800	2300
3	通讯费	800	700	900
4	办公费	2500	2300	2000
5	招待费	3000	3500	3200
6	活动费	2400	2000	2600
7	交通费	1500	1200	1000
8	广告费	2300	2500	2600
9	其他	1500	1200	1300

1 验证数据

如果领导为了控制成本，希望场地费在 1500~2000 元之间，那么，就来验证一下，是否有不符合要求的场地费呢？

步骤 **01** 选择需要验证的单元格，如选择 B2:D2 单元格区域，如下左图所示。

步骤 **02** 单击【数据】选项卡下【数据工具】组中的【数据验证】按钮，如下右图所示。

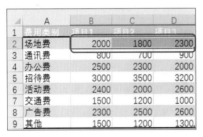

步骤 **03** 此时，系统会弹出提示框，单击【是】按钮，如下图所示。

步骤 **04** 在弹出的【数据验证】对话框中设置验证条件，然后单击【确定】按钮，如下左图所示。

步骤 ⑤ 此时在D2单元格的左上角会出现一个小三角形标志，表示该单元格的数据未通过验证，如下右图所示。

步骤 ⑥ 选中D2单元格，在其左侧会出现 ![图标，单击 ![图标，在弹出的菜单中选择【显示类型信息】选项，如下左图所示。

步骤 ⑦ 在弹出的【字段类型信息】对话框中会给出错误提示，如下右图所示。

② 计算合计

接下来根据需要，计算每个单项开支合计和每个项目的费用合计，如下图所示。

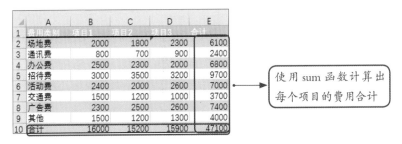

使用sum函数计算出每个项目的费用合计

③ 筛选数据

如果要查看满足一定条件的数据，可以根据需要进行筛选。

步骤 01 单击【数据】选项卡下【排序和筛选】组中的【筛选】按钮，如下左图所示。

步骤 02 筛选出"活动费"和"广告费"，如下右图所示。

A	A	B	C	D
	费用类别	项目1	项目2	项目3
6	活动费	2400	2000	2600
8	广告费	2300	2500	2600

④ 制作数据透视表

制作数据透视表可以实现数据和图表的联动，以便于观察和分析数据。下面介绍根据源数据生成数据透视表。

步骤 01 单击【插入】选项卡下【表格】组中的【数据透视表】按钮，如右图所示。

步骤 02 在弹出的【数据透视表字段】任务窗格中，将【费用类别】拖曳到【行】区域中，并选中【项目1】【项目2】【项目3】复选框，如右图所示。

步骤 03 生成数据透视表，如右图所示。

行标签	求和项:项目1	求和项:项目2	求和项:项目3
办公费	2500	2300	2000
场地费	2000	1800	2300
广告费	2300	2500	2600
活动费	2400	2000	2600
交通费	1500	1200	1000
其他	1500	1200	1300
通讯费	800	700	900
招待费	3000	3500	3200
总计	16000	15200	15900

步骤 04 然后可以根据需要进行筛选，如下图所示。

行标签	求和项:项目1	求和项:项目2	求和项:项目3
交通费	1500	1200	1000
通讯费	800	700	900
总计	2300	1900	1900

⑤ 制作图表

使用图表可以更直观地显示数据，可以使用柱形图展示各项目开支对比，使用饼图展示项目1的费用占比情况。

（1）制作各项目开支对比图，如下图所示。

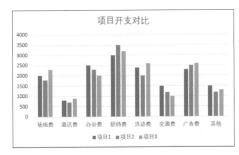

（2）制作项目1费用对比图，如下图所示。

8.3 让领导赞不绝口的数据分析报告

教学视频

数据分析报告是一项工作的完成和总结，是一份摆在领导办公桌上的文件，是公司经营管理决策的一份重要参考资料。

1 数据分析报告的含义

数据分析报告就是采用数据分析的原理和方法，运用数据和图表来形象地反映或者分析某项工作或某个事物的现状、问题、原因、规律，并得出结论，提出解决方案的一种分析性文件，如下图所示。

2 数据分析报告的作用

一份专业的数据分析报告的输出是整个分析过程的成果，是一个产品或者一个项目的定性结论，也是一个产品或者一个项目决策的参考依据。

数据分析报告的主要作用，如下图所示。

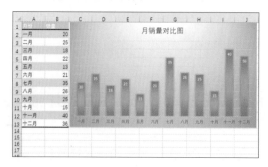

3 使用 Excel 制作数据分析图表

在分析报告中使用图表可以使数据更直观、易懂（素材 \ch08\8.3-1.xlsx）。

（1）用 Excel 制作月销量对比图，如下图所示。

（2）用 Excel 制作 2018 年销量走势图，如下图所示。

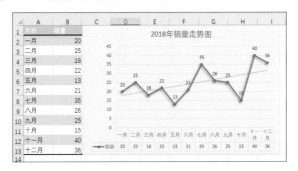

（3）用 Excel 制作产品结构对比图，如下图所示。

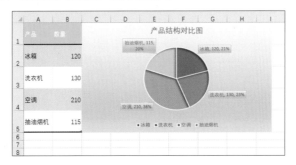

4 数据分析报告的结构

当然，使用 Excel 制作图表后，可以将图表以图片的形式粘贴至 PPT 中，以便将制作的数据分析报告用于讲演。专业的数据分析报告通常具有特定的结构，但这种结构不是一成不变的。不同的数据分析专家、不同的产品，最后形成的数据分析报告结构可能存在差异。一般来说，数据分析报告主要包括如下图所示的内容。

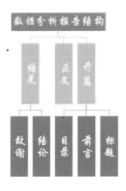

在撰写数据分析报告时，要根据场景选择合适的字体，同时还要考虑字号的大小，建议字号不要小于 18。

更重要的是，要做一个绘图高手，充分利用 Excel 提供的各种工具，做出一份准确无误并且赏心悦目的数据分析报告。

附录 高效办公必备工具——Excel易用宝

尽管 Excel 的功能很强大，但是在很多常见的数据处理和分析工作中，需要灵活地组合使用函数、VBA 等高级功能才能完成任务，这对于很多人而言是个艰难的学习和使用过程。

因此，Excel Home 为广大 Excel 用户量身定做了一款 Excel 功能扩展工具软件，中文名为"Excel易用宝"，以提升 Excel 的操作效率为宗旨。针对 Excel 用户在数据处理与分析过程中的多项常用需求，Excel 易用宝集成了数十个功能模块，让烦琐或难以实现的操作变得简单可行，甚至能够一键完成。

Excel 易 用 宝 永 久 免 费，适 用 于 Windows 各 平 台。经 典 版（V1.1）支 持 32 位 的 Excel 2003/2007/2010，最新版（V2018）支持 32 位及 64 位的 Excel 2007/2010/2013/2016 和 Office 365。

经过简单的安装操作后，Excel 易用宝会显示为 Excel 功能区独立的选项卡，如下图所示。

在浏览超出屏幕范围的大数据表时，如何准确无误地查看对应的行表头和列表头，一直是让许多 Excel 用户烦恼的事情。这时候，只要单击 Excel 易用宝【聚光灯】按钮，就可以用自己喜欢的颜色高亮显示选中的单元格/区域所在的行和列，效果如下图所示。

再如，合并工作表也是日常工作中常用的操作，但如果不懂编程的话，这一定是一项很难完

成的任务。Excel 易用宝可以让这项工作变得轻而易举，它能批量合并某个文件夹中任一文件中的数据，如下图所示。

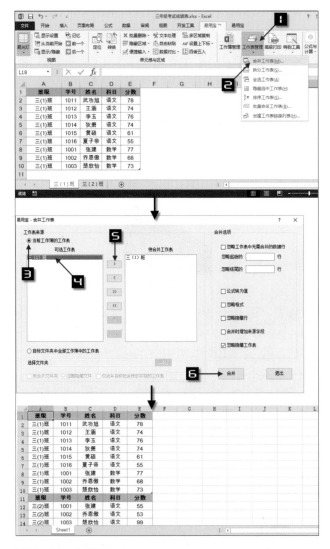

更多实用功能，欢迎读者亲身体验（http://yyb.excelhome.net/）。

如果有非常好的功能需求，也可以通过软件内置的联系方式提交给我们，可能很快就能在新版本中看到它。